Verständliche Wissenschaft Band 34

Oskar Heinroth

Aus dem Leben der Vögel

Dritte verbesserte Auflage

Durchgesehen und ergänzt
von Katharina Heinroth

Mit 91 Abbildungen

Springer-Verlag
Berlin Heidelberg New York 1977

Herausgeber Prof. Dr. Karl v. Frisch, München

Autor: Dr. Oskar Heinroth †
Durchgesehen und erganzt von:
Dr. Katharina Heinroth
Handel-Allee 7, 1000 Berlin 21

Umschlagentwurf: W. Eisenschink, Heidelberg

ISBN-13: 978-3-540-08195-1   e-ISBN-13: 978-3-642-81127-2
DOI: 10.1007/ 978-3-642-81127-2

Library of Congress Cataloging in Publication Data. Heinroth, Oskar, 1871-1945. Aus dem Leben der Vogel (Verstandliche Wissenschaft; 34). Includes index. 1. Birds-Behavior. I. Heinroth, Katharina. II. Title. III. Series. QL698.H44.1977.598'2'5.77-3897.

Gesamtherstellung: Bruhlsche Universitatsdruckerei, Lahn-Gießen.

2131/3130-543210

Vorwort zur dritten Auflage

In den seit der zweiten Auflage verflossenen 22 Jahren haben sich sowohl manche Vogelnamen geändert als auch neue Erkenntnisse in der Systematik ergeben; so nennt man den früheren Strandreiter (Himantopus) jetzt Stelzenläufer, die Mähnentaube jetzt Kragentaube, für Raubvögel ist ganz allgemein jetzt Greifvögel üblich. Die Kasarkas stellt man im System zu den Tadornen und betont jetzt mehr deren Gänsecharakter, ähnlich verfährt man mit den Dendrocygnen, früher Baumenten, jetzt als Pfeifgänse bezeichnet; die Fruchttauben Carpophaga heißen lateinisch jetzt Ducula. All dem habe ich bei der Neubearbeitung Rechnung getragen, auch die Numerierung der Handschwingen von innen nach außen bürgert sich jetzt ein, früher erfolgte sie im umgekehrten Sinn. Neben diesen Äußerlichkeiten waren auch inhaltlich neue Forschungsergebnisse nachzutragen, besonders was die Bedeutung des Gesanges und die Aufklärung des Orientierungsvermögens der Vögel betrifft. Den Seitenweiser ergänzen einige ethologische Ausdrücke.

Berlin, im Frühjahr 1977.

Dr. *Katharina Heinroth*

Vorwort zur zweiten Auflage

Bis zum Erscheinen dieser Auflage konnten einige neue vogelkundliche Erkenntnisse gesammelt und jetzt hinzugefügt werden. Außerdem ist im Auftrage der Deutschen Ornithologischen Gesellschaft das dreibändige „*Handbuch der Deutschen Vogelkunde*" von Günther *Niethammer* erschienen, das zu einer Vereinheitlichung der wissenschaftlichen und vor allem der deutschen Namen geführt hat. Natürlich habe ich mich danach gerichtet.

Berlin, im Oktober 1944.

Dr. *Oskar Heinroth*

Die zweite von *Oskar Heinroth* vorbereitete Auflage wurde durch die Ereignisse bei der Einnahme Berlins am Erscheinen verhindert, und auch die Klischees und die Originalfoto-Vorlagen für die Bebilderung gingen verloren. Meinen Mann ereilte durch die Beschwernisse der ersten Nachkriegsereignisse im Mai 1945 der Tod.

Dem Springer-Verlag sage ich Dank, daß er dieses Büchlein als „echten Heinroth" im Wortlaut bestehen läßt; der Überarbeitung nach dem neuesten Stand vogelkundlicher Erkenntnisse habe ich mich gern unterzogen.

Berlin, im Oktober 1954.

Dr. *Katharina Heinroth*

Vorwort zur ersten Auflage

Vielleicht ist über keine Wirbeltiergruppe in Büchern, Fachzeitschriften und Tageszeitungen mehr geschrieben worden als gerade über Vögel, und tausendfach sind die allerdings meist falschen Abbildungen, die sich in alter und neuer Kunst die gefiederten Geschöpfe zur Vorlage gemacht haben. Außer den eigentlichen Haustieren wurden und werden von Liebhabern fast in allen Ländern und Zoologischen Gärten wohl am meisten gerade Vögel gehalten. Und trotzdem hört man als Tiergärtner und zoologisch geschulter Vogelhalter gerade über diese Tiergruppe von den meisten Beschauern, und durchaus nicht nur von Ungebildeten, oft die merkwürdigsten Aussprüche, die aus sonderbar vermenschlichenden Vorurteilen, an denen namentlich das Altertum reich ist, hervorgehen. Zunächst ärgert man sich über diesen Zustand unbiologischen Denkens, später wird man an ihn gewöhnt und nimmt ihn geradezu als selbstverständlich hin. Aber doch liegt es einem immer wieder auf der Zunge, zu widersprechen und aufzuklären: das sei der Zweck dieser Zeilen, die sich gegen ganz bestimmte, veraltete Ansichten wenden.

Besonders die Vögel sind in neuerer Zeit so gut wissenschaftlich nach allen Seiten hin von vielen sehr gründlichen Forschern durchgearbeitet wie sonst wohl kaum eine Tiergruppe, und es wird an der Zeit, die Kluft der Wissenden und derjenigen, die im

Vogel nur ein mehr oder weniger schönes, rührendes, fröhliches, nützliches oder schädliches Geschöpf erblicken, zu überbrücken.

Der Umfang des vorliegenden Büchleins erlaubt es natürlich nicht, in eine feinere systematische, anatomische und überhaupt in eine erschöpfende Betrachtung einzugehen, es handelt sich also nicht um eine „allgemeine Vogelkunde". Wer darüber etwas wissen will, der vertiefe sich in den von *Stresemann* bearbeiteten Band des Handbuches der Zoologie; er halte sich das *Journal für Ornithologie*, den „*Vogelzug*" oder sonst eine in- oder ausländische wirkliche Fachzeitschrift, um auf dem laufenden zu bleiben; ferner verweise ich auf meine „*Vögel Mitteleuropas*" aus dem Verlag Bermühler und andere Schriften von mir. Ich will hier nur den Versuch machen, an *einigen* wenigen Fragen über die Vogelwelt, die mir besonders oft gestellt werden, zu lehren und dadurch eine naturwissenschaftliche Weltanschauung zu fördern.

Berlin, den 9. März 1938.

Dr. Oskar Heinroth

Inhaltsverzeichnis

Quellenverzeichnis der Abbildungen

Abb. 7 und 60: Phot. Dr. *Schmidt-Schaumburg*.

Abb. 13a, 17, 25 und 79 aus: Bildarchiv des Zoologischen Gartens Berlin.

Abb. 13b: Phot. Dr. *Graf Zedtwitz*.

Abb. 16: Phot. *Helmut Hampe*.

Abb. 23 und 35: Phot. Dr. *H. Ecke*.

Abb. 24: Nach *Hawkins*, 1925.

Abb. 26 und 30: Phot. *Jasper v. Oertzen*.

Abb. 32: Phot. Dr. *K. Heinroth*.

Abb. 48: Nach *Lopelmann* und Dr. *Effenberger*.

Abb. 49: Nach *Pycraft*, 1910 (A History of Birds, London).

Abb. 56: Nach *Hartert*, Bd. II, 1912—1921.

Abb. 58: Nach *P. L. Sclater*, 1866.

Abb. 69: Phot. *Hofherr*.

Abb. 85 und 86: Nach *C. W. R. Knight*, 1927.

Die ubrigen Zeichnungen und Photos stammen vom Verfasser,
Abb. 6, 20, 28b, 29, 37, 53, 64, 65, 90 und 91 aus: *Heinroth, O.* und *M.*,
Die Vogel Mitteleuropas. Berlin. Hugo Bermuhler-Verlag, 1925—1933.

1. Die Hauptmerkmale der Vögel

„Den Vogel erkennt man an seinen Federn." Dieser Satz stimmt immer noch, wenn man ihn so auffaßt, daß von allen Lebewesen nur die Vögel ein Federkleid tragen, und daran kennt sie der Laie sofort. Diese Federn können nun je nach dem Aufenthalt ihres Trägers in Wasser und Sumpf oder in Steppe und Wüste recht verschieden sein, d. h. sie umkleiden wie bei den

meisten Wasservögeln und insbesondere bei den Pinguinen fast schuppenartig den ganzen Körper, oder sie sind locker und auf bestimmte Federfluren verteilt, von wo aus sie die nackte Haut überdecken, wie z. B. bei Hühnern, oder lassen bei vielen Formen manche Stellen des Körpers unbedeckt; man denke dabei an den afrikanischen Strauß, viele Geier, den Truthahn und andere. In jedem Falle dient das Gefieder, so wie der Pelz der Säugetiere, hauptsächlich dem Kälteschutz, denn wir haben es ja hier

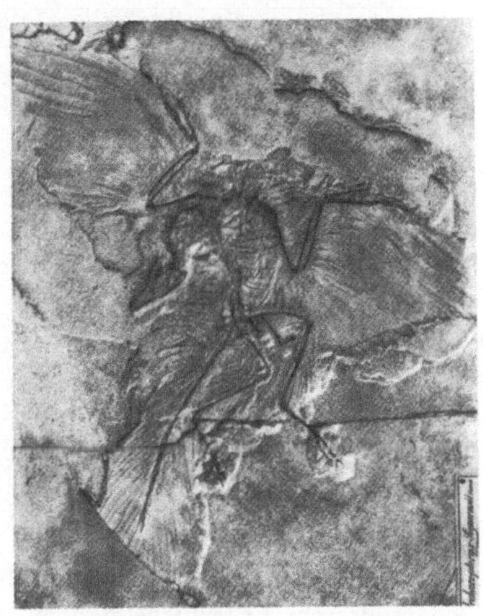

Abb. 1. Archaeopteryx (Archaeornis). Eidechsenvogel aus dem Jura. Etwa $^1/_7$ nat. Gr.

mit den warmblütigsten Tieren zu tun, die es überhaupt gibt, und von denen manche trotz ihrer Kleinheit die kältesten Gegenden bevorzugen. Durchschnittlich mißt ein Vogelkörper etwas über 42°C, es gibt aber auch Arten mit fast 45°, einer für den Menschen tödlichen Fieberhöhe. Daraus, daß der Echsen-Urvogel, Archaeopteryx (Abb. 1), den wir aus dem Jura kennen, bereits wohlentwickelte Federn hatte, können wir ohne weiteres schließen, daß er ein Warmblüter war. Bei manchen Gruppen, so bei den Straußen, Kasuaren und Emus, sind die Federn dadurch haarähnlich geworden, daß die Fahnen (s. Abb. 54d) keine dichtschließende Fläche mehr bilden; trotzdem sind es ebenso echte Federn wie die sogenannten Schnabelborsten vieler Fliegenschnäpper und Ziegenmelker, wo die Fahne ganz fehlt und nur die Schäfte als Rachenverbreiterung stehengeblieben sind.

Man zählt ohne Berücksichtigung feinerer geographischer Unterarten oder sogenannter Rassen ungefähr 8600 Vogelarten (die geographischen Formen mitgerechnet etwa 30000), die in ihrer Gesamtheit dem Menschen viel mehr ins Auge fallen als die anderen

Abb. 2. Zum Vergleich ein ungefahr ebenso großes Skelett des Sporenkuckucks mit den entsprechenden Federn in ähnlicher Lage. Etwa ¹/₇ nat. Gr.

Tiere; und zwar hat dies hauptsächlich darin seinen Grund, daß Vögel als sehr bewegliche und flüchtige Wesen sich nicht bei jeder Gefahr in Höhlen zu verstecken brauchen und meistens Tagtiere sind. Außerdem fallen sie gerade durch ihre Beweglichkeit laufend, hüpfend, schwimmend und fliegend nicht nur auf dem Boden, sondern auch im Gezweig, in Baumkronen, im Schilf, auf dem Wasser besonders auf, und viele machen sich durch ihre Stimme, mit der sie wegen ihrer großen Fluchtfähigkeit nicht so zu geizen brauchen wie etwa die Säugetiere, vielfach dem Ohr noch bemerkbar. In der kalten Jahreszeit verharrt das an sich meist kleine Insektenvolk gewöhnlich in starrer Ruhe, und wenn sich die Zahl der Vögel dann auch durch Abwanderung nach dem Süden vermindert, so treten die Hierbleibenden wegen des Fehlens des sie sonst verdeckenden Laubes besonders in Erscheinung, ganz abgesehen davon, daß sich der hiesige Bestand durch nordische Zuwanderer noch vermehrt.

Alle Vögel legen Eier, aber nicht alle Säugetiere bekommen lebende Junge, denn einige Australier machen eine Ausnahme. Die Eier der heimischen Arten werden immer bebrütet, was bei Kriechtieren nicht der Fall ist, und das Brüten besteht nicht nur in einem Bewachen, wie bei manchen Fischen, sondern im Erwärmen durch den elterlichen Körper; vielleicht ist Brüten mit Brühen also Erhitzen, verwandt.

Die vorderen Gliedmaßen werden bei Vögeln niemals zum Gehen benutzt, sie sind zu Flügeln umgebildet, die bei den einheimischen Arten auch immer zum Fliegen dienen; bei einigen ausländischen Formen dagegen, wie bei den Straußarten, manchen Rallen und anderen, sind sie rückgebildet und meist bedeutungslos, so daß die Flugfähigkeit verlorengegangen ist. Bei den Pinguinen sind die Flügel vollendete Ruder geworden (s. Abb. 79, S. 124).

Der Grundplan des Körperbaues ist beim Vogel aufs Fliegen eingerichtet; so sind bei fast allen Arten die meisten Knochen hohl. In der äußeren Gestalt ist mehr oder weniger die Tropfenform gewahrt, so daß das ganze Tier eine glatte Spindel darstellt, die mit dem Schnabel die Luft durchschneidet, dann an der Brust ihre größte Dicke erreicht und hinten durch den Schwanz langausgezogen erscheint. Man ist überrascht, wie „häßlich" ein nackter Vogel wirkt (siehe Abb. 3 u. 4, S. 4).

Erfahrungsgemäß stellt sich der Laie unter „einem Vogel" so ein Gemisch von Sperling und Singdrossel vor, wie man namentlich aus Kinderzeichnungen sehen kann. An Entenvögel, Flamingos, Pinguine, Haubentaucher, Kolibris und wie die vielen Gruppen alle heißen, denkt er nicht, und so ergibt sich ein recht schiefes Bild über die Vogelwelt im allgemeinen. Aus dieser Andeutung geht schon hervor, daß an übertriebene, für ganz besondere Lebensweisen eingerichtete Bildungen, wie Schnatterschnäbel, sehr lange Beine, lange Schwänze und Flügel,

Tauchanpassungen und dergleichen, gewöhnlich nicht gedacht wird; und Entsprechendes gilt nicht nur für den Körper, sondern auch für Stimme, Nestbau, Brutpflege und geistige Eigenschaften.

Über die Benennungen der äußeren Erscheinung, also der Gefiederteile des Vogels, hat man sich so geeinigt, wie es das beigedruckte Schema (Abb. 5a) und die Flügelabbildung 5b zeigen.

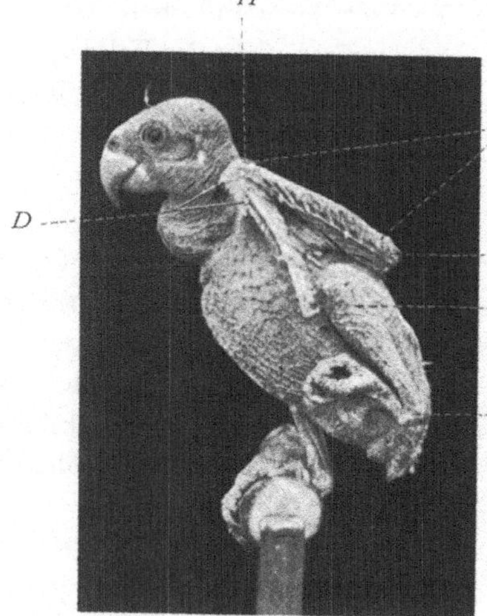

Abb. 3. u. 4. Vaza-Papagei (Coracopsis vaza), der nach der Mauser keine neuen Federn bekommen hatte, sondern kahl blieb.
F = Ferse, K = Kniegelenk, U = Unterarm, H = Handgelenk, D = Daumen, E = Ellenbogen. Etwa $^1/_6$ nat. Gr.

Diese für viele wohl etwas langweiligen allgemeinen Betrachtungen muß man schon mit in Kauf nehmen, wenn man das Innen- und Außenleben der einzelnen Vogelgruppen verstehen will. Vogel ist durchaus nicht Vogel, sondern nur der Begriff für eine Grundlage der verschiedensten Lebens- und Verhaltensmöglichkeiten. Man verallgemeinere also ja nicht und halte sich immer vor Augen, daß das, was für ein Blaumeisenpaar gilt, für einen australischen Talegalla-Hahn nicht zu Recht besteht. Wer nur wenig Vogelarten kennt, verfällt erst stets in den Fehler, seine Beobachtungen auch auf fernstehende Arten zu übertragen. Der

Kundige ist erstaunt über die Vielseitigkeit, mit der diese gefiederten Wirbeltiere, je nach ihrem Bau und Aufenthalt, ein und dieselbe

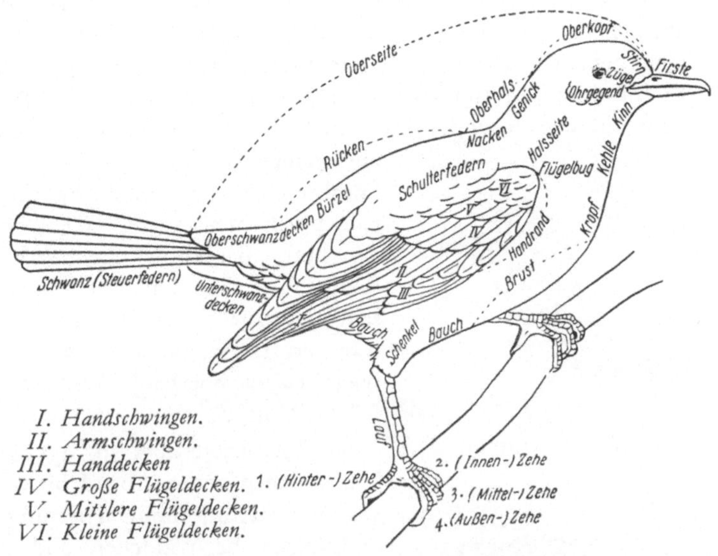

Abb. 5a. Benennung der einzelnen Teile des Vogels. (Schemazeichnung.)

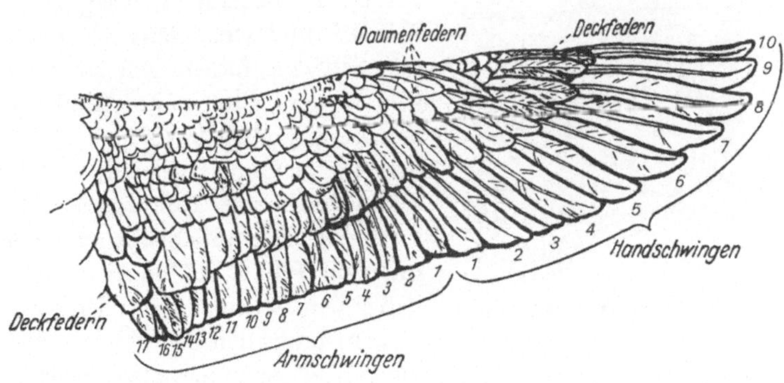

Abb. 5b. Flugel einer Graugans von oben.

Frage in mehr oder weniger starrer und angeborener Weise lösen,
und nach diesem Gesichtspunkt ist der Inhalt dieses Büchleins
angeordnet.

2. Vom Vogelnest

Die weitaus meisten Vögel bauen ein Nest, in das sie ihre Eier ablegen und worin sie sie ausbrüten. Bei vielen, aber durchaus nicht bei allen, wird es auch zum Kinderbett, weil die hilflos dem Ei entschlüpften Jungen darin aufgefüttert werden. Eine Wohnung für den Altvogel stellt ein Nest fast nie dar, und nur die allerwenigsten Vögel, wie z. B. Spechte und auch manche Sperlinge, bauen sich Schlafnester. Wenn man also liest, „der Vogel" zieht sich bei Regen, Gewitter und bei Nacht in sein Nest zurück, so ist das ein gewaltiger Irrtum, denn er hat in der Nichtbrutzeit überhaupt kein eigentliches Heim.

Abb. 6.
Schlafender Kormoran.

Wo übernachtet aber ein Tagvogel? Viele suchen gegen Abend hin auch aus weiteren Entfernungen bestimmte, deckungsreiche Wäldchen und Gebüsche auf; manche baumen einfach auf einem beliebigen waagerechten Ast auf, und viele Gänse, Enten sowie Schwäne fühlen sich am sichersten in der Mitte weiter Seeflächen. Sein Bett, nämlich das Gefieder, hat der Schläfer ja immer bei sich; er hockt sich also hin oder ruht auf dem Wasser und steckt zum Schlafen „den Kopf unter die Flügel". Man meint dabei, daß er den Schnabel bis zu den Nasenlöchern unter den Schulterfedern auf

Abb. 7. Schlafender Fink.

dem Rücken verbirgt (s. Abb. 6), er verankert also gleichsam den langen Hals. Manche werden dabei geradezu zu einem Federball (s. Abb. 7). Reiher, die ihren Kopf wegen der Sperrgelenke im Halse nur schwer so weit umdrehen können, stecken den Schnabel vorn unter einen Flügelbug, und eine ganze Reihe von unter sich nicht verwandten Formen begnügt sich damit, den Hals so stark einzuziehen, daß der Hinterkopf auf den Halsansatz zu liegen kommt, wobei das Kinn auf den Vorderhals gedrückt wird: so machen es die Trappen, Störche (s. Abb. 8), Tauben, Flughühner und manche andere. Der auf dem Wasser ruhende Haubentaucher (s. Abb. 9) zieht dabei zur Ver-festigung des Kopfes außerdem noch die Halshaut seitlich über den Schnabel. Es mutet merk-würdig an, daß die im Stehen oder in Hockstellung schlafenden Pin-guine und Kasuare, die ja gar keine eigentlichen Flügel haben, die Schnabelspitze, wohl stammge-schichtlich vererbt, von oben her in der Achselhöhle festhaken, wäh-rend doch die gutbeflügelten Tau-ben, Störche und Trappen einfach den Kopf auf den Vorderrücken legen. Langbeinige Vögel oder solche, die vielfach auf dem Bo-den ruhen, stehen im Schlafe häu-fig auf einem Bein und ziehen das andere unter die Bauchfedern, wie z. B. Gänse, Kraniche Störche und Reiher. Viele Leute wundern sich, daß ihr Kanarienvogel oder ihre Hühner auf der Stange schlafen und doch nicht herunterfallen; da hilft eine besondere Sperrvorrich-tung (s. Abb. 10 a u. b), die sich dann auswirkt, wenn das Tier die

Abb. 8.
Schlafender Schwarzstorch.

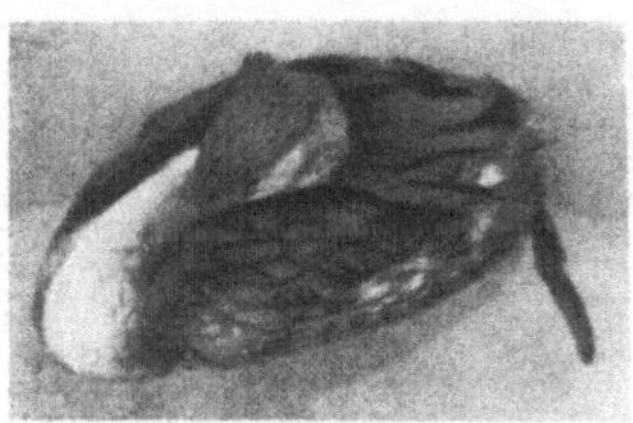

Abb. 9.
Schlafender Haubentaucher.

Fersengelenke einknickt. Hierdurch werden die Zehen gebeugt. Spechte und Baumläufer ruhen in senkrechter Lage an der Rinde oder in der Innenwandung einer Baumhöhle angehäkelt; mir ist es sogar vorgekommen, daß ein durch einen wohlgezielten Schuß erlegter Specht in der Stellung, in der ich ihn geschossen hatte, am Baume hängenblieb. Man sieht daraus, daß all diese uns Menschen völlig unmöglichen Schlafstellungen für den Vogel keinerlei

Muskelarbeit bedeuten. Das ist selbst bei den auf einem Beine stehenden Langbeinern der Fall, denn das gestreckte Fersengelenk schnappt ein wie ein Taschenmesser und ist erst durch einen Ruck wieder in die Knickstellung hineinzubringen. Wer einmal genau hinschaut, wird bemerken,

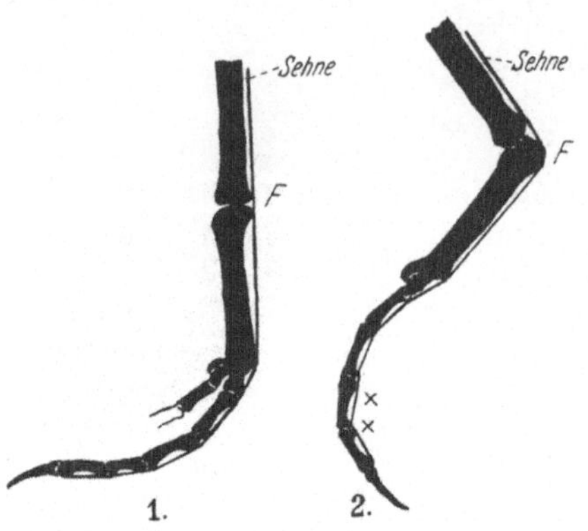

Abb. 10a. Knochen des Laufs und einer Zehe mit Beugesehne (schematisch) 1. bei gestrecktem Bein, 2. bei gebeugtem Bein. F = Ferse, x = Stellen mit Sperrvorrichtung.

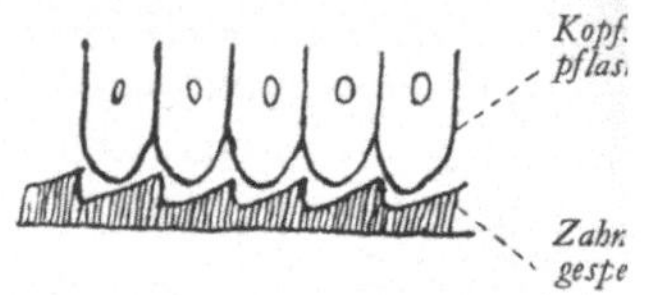

Abb. 10b. Sperrvorrichtung. Bei Druck auf die Unterlage treten die beiden Sperrvorrichtungen an den bezeichneten Stellen der Zehe in Tätigkeit; Zähne an der Sehnenscheide haken in das „Kopfsteinpflaster" der Sehne ein, so daß ein Abrutschen vom Ast unmöglich wird.

daß Gänse und Enten, wenn sie auf dem linken Bein stehen, den Kopf unter der rechten Schulter verbergen; Flamingos (s. Abb. 11) machen es umgekehrt, sie stecken den Schnabel auf die Seite des Standbeins. Leider achten darstellende Künstler auf diese Feinheiten gewöhnlich nicht.

Da wir gerade beim Schlafen sind, so sei erwähnt, daß nur die vorwiegend auf den Gesichtssinn angewiesenen und besonders die kleinäugigen Vögel stets in der Dunkelheit schlafen und bei Tage ihrer Nahrung und

Abb. 11. Schlafende Flamingos.

8

den sonstigen Betätigungen nachgehen. Besonders großäugige Vögel, namentlich Eulen und Ziegenmelker, sind bekanntlich Nachttiere, und bei den meisten Schnepfen- und Entenarten spielt der Wechsel von Tag und Nacht nur eine geringe Rolle, da sie mit Hilfe feinster Tastzellen des Schnabels ihre Nahrung vom Boden aus Schlick und Schlamm oder unter Wasser ertasten. Es berührt mich immer wieder eigentümlich, wenn ich verschiedene in- und ausländische, hier im Berliner Zoologischen Garten frei fliegende Entenarten buchstäblich zu jeder Stunde des Tages und der Nacht an meinem Fenster vorbeifliegen höre; wann schlafen diese Tiere eigentlich? Nun, wann es ihnen paßt, d. h. wenn sie gesättigt sind und ihr Gefieder in Ordnung gebracht haben, und das kann ebensowohl mittags wie um Mitternacht sein.

Nun kehren wir wieder zum Nest, dem Ausgangspunkt unserer Schlafbetrachtung, zurück. Die meisten werden dabei wieder an ein Singvogelnest denken, also an ein schön gerundetes, oben offenes und mehr oder weniger dichtes und weichgepolstertes Etwas. Zudem glauben viele, daß unsere Singvögel gewöhnlich hoch in den Bäumen brüten. Das stimmt zwar manchmal, aber durchaus nicht immer, und vielfach ist genau das Gegenteil der Fall. Die Mehrzahl unserer Kleinvögel ist Gebüschbrüter, dann kommen die Lerchen-, Pieper-, Ammer-, Laubsänger- und Schwirlarten, die zu ebener Erde ihr Heim aufschlagen; sie mögen dies der Krähen-, Elster- und Hähergefahr wegen für sicherer halten als die luftige Höhe, die nur von wenigen bevorzugt wird, und das sind dann meist Höhlenbrüter, deren Brutstelle man von unten also so leicht nicht sieht. Der Nestbau selbst kann nach Arten sehr verschieden sein, vom fast durchsichtigen Grasmückennest angefangen bis zur fein geflochtenen und überwölbten Kinderwiege der Schwanzmeise, des Zaunkönigs und insbesondere der Beutelmeise (s. Abb. 12), deren dicht geflochtenes Filzgewebe nur einen seitlichen Eingang hat und an schwankem Pappelzweige pendelt. Dies nur einige Beispiele aus unserer heimischen Singvogelwelt; richten wir unseren Blick auf andere Vogelgruppen oder reisen wir in ferne Länder, so werden wir noch ganz andere Abweichungen finden. Da sitzt unser Ziegenmelker auf seinen zwei Eiern auf den Kiefernnadeln, wie sie gerade hingeweht sind, er vertraut gewissermaßen auf seine ausgezeichnete

Schutzfärbung und würde seine Wochenstube verraten, wenn er die Umgebung durch herangeschaffte Niststoffe verändern wollte. Metertief bohrt sich das Eisvogel-, Bienenfresser- oder Uferschwalbenpaar in den sandig-lehmigen, senkrechten Erdhang, um am Ende der Röhre die Eier entweder auf ausgespiene Fischgräten oder wie bei der Uferschwalbe in ein warmes, vielfach aus Federn zusammengetragenes Nest zu legen. Die eigentlichen Taucherarten schichten unter Wasser allerlei Pflanzenstoffe bis zur Oberfläche empor, machen eine flache Mulde, und die Eier ruhen, namentlich bei hohem Wasserstande, bis über die Unterkante im Wasser. Jeder kennt aus den jetzt so trefflichen Abbildungen die aus dicken Knüppeln zusammengetragenen, zentnerschweren Horste der großen Greifvögel in den Kronen hoher Bäume, und manche haben auch gehört, daß es im australo-papuanischen Gebiet gewisse Hühnervögel gibt, die, in den Tropen, ihr großes Ei einfach in den Erdboden einscharren (Megapodius) oder weiter südlich, in kälteren Gebieten riesige Laubhaufen zusammenkratzen, deren Gärungswärme dazu benutzt wird, die hineingelegten Eier zu zeitigen (Talegalla). Diese Haufen baut ausschließlich der Hahn (s. Abb. 13a), und die Henne darf sich nur zur Paarung und Eiablage dem Laubschlosse nähern; der Hahn regelt zwar durch Auf- und Zuscharren die Wärme auf 30—32°, die er durch Betasten mit der fast unbefiederten Innenseite der Flügel und dem nackten Kopf (wahrscheinlich liegt der Sitz des Temperatursinnes im Schnabel, vielleicht auf der Zunge oder am Gaumen) immer wieder festgestellt, kümmert sich aber ebensowenig wie seine ozeanischen Verwandten um die ausgeschlüpften Jungen: sie sind gleich flugfähig (s. Abb. 13b) und so selbständig, daß sie, ohne mit ihren Erzeugern Bekanntschaft zu machen, den

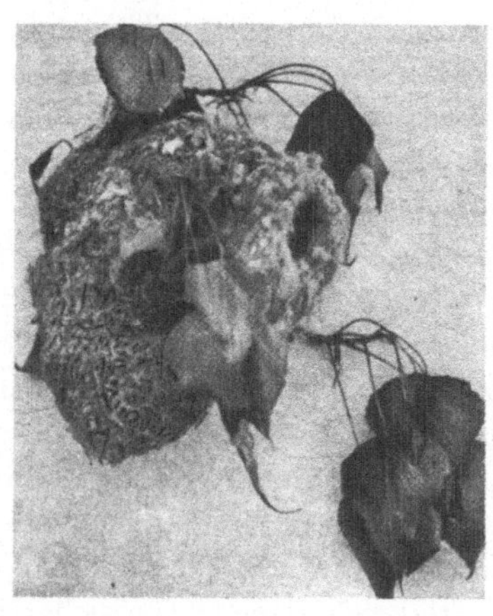

Abb. 12. Nest der Beutelmeise. ¹/₅ nat. Gr.

Weg durchs Leben finden. Die Entwicklungszeit im Laubhaufen
währt 9—12 Wochen.

Jeder kennt Eiderdaunen, hat sich aber wohl meist nicht überlegt, daß fast alle Entenvögel ihr Nest mit Daunen auspolstern,
die sie auch dazu benutzen, die hellfarbigen Eier zu bedecken,
wenn der Vogel zum Fressen, Trinken und Baden gelegentlich

Abb. 13a. Talegallahahn, den Brut-
haufen zusammenscharrend.

Abb. 13b. Dem Haufen frisch
entschlupftes Talegallakuken.

vom Neste geht. Bei offen brütenden Enten sind diese Daunen
immer graubräunlich, bei höhlenbrütenden weißlich (s. Abb. 14a u.
14b), denn die letzteren haben eine Nestschutzfärbung nicht nötig.

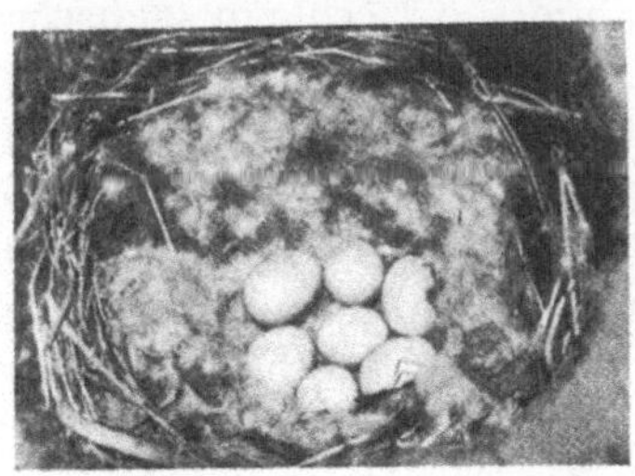

Abb. 14a. Höhlennest der Brautente
(siehe diese auf Abb. 18 u. 88).

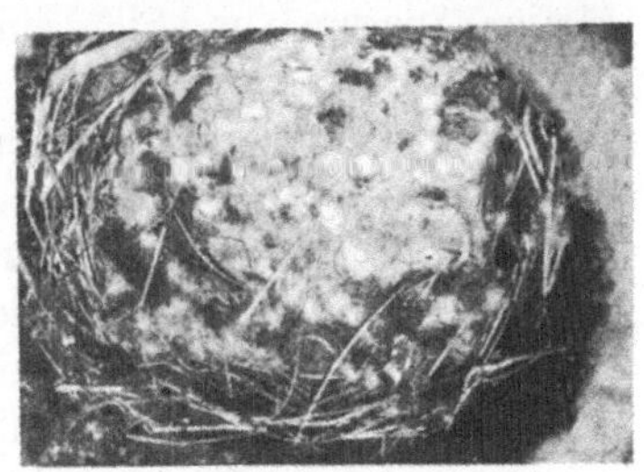

Abb. 14b. Dasselbe, mit Daunen
bedeckt.

Der ganze Nestbau ist eine reine Triebhandlung; er wird also
nicht gelernt, sondern ist angeboren, und diese Triebhandlung
setzt ein, wenn die Eireife naht. Der erstmalig brütende Vogel
kann natürlich keine Ahnung davon haben, was er eigentlich mit

dem Nestbau bezweckt, denn er „weiß" ja gar nicht, daß er Eier legen wird oder daß er in dem Neste Junge erziehen soll. Genaue Beobachtungen haben erwiesen, daß junge Vögel durchaus keine schlechteren Nester bauen als alte, wie dies öfter gesagt wird. Je stärker und besser der Fortpflanzungstrieb, desto vollkommener wird das Nest. Daß gerade bei verwickelten Triebhandlungen, wie es der Nestbau ist, nichts Besonderes von dem Einzelwesen erfunden werden kann, zeigt die Tatsache, daß Entenvögel immer nur eine Vertiefung in die vorhandene Unterlage, altes Gras, Laub, Mulm u. dgl., bauen, sie mit den eigenen Daunen auslegen und aus allernächster Nähe in recht unbeholfener Weise in Schnabelreichweite liegende Niststoffe herbeiziehen können: niemals sieht man daher eine Ente, eine Gans oder einen Schwan mit Halmen im Schnabel zum Neste fliegen oder schwimmen, was doch bei den meisten anderen Vögeln fast regelmäßig der Fall ist. Diese teilen sich wieder in solche, die immer nur *ein* einzelnes Zweigstückchen herbeibringen, wie z. B. Tauben, Reiher und Kormorane, und andere, die sich den ganzen Schnabel vollpacken, wie wir dies bei jedem Kanarienvogel sehen können. Spechte polstern ihre tief in den Baum gezimmerte Höhle nicht aus, sie sind offenbar stammesgeschichtlich uralte Höhlenbrüter, während die in die Singvogelgruppe gehörigen, aber auch höhlenbrütenden Meisen, Sperlinge und Stare ein richtiges, oft recht umfangreiches Nest in ihre Kammer bauen. Die jungen Spechte sitzen also gewissermaßen in einem harten Holztopf; dafür haben sie zum Schutze gegen das Durchscheuern in der ersten Zeit, wo sie noch nicht stehen und klettern können, besondere Sitzwarzen an den Fersen (s. Abb. 15), die späterhin verschwinden. Zieht man kleine Spechte in einem Blumentopf auf, so können sie nach dem Ausfliegen nicht klettern, weil eine stammesgeschichtlich nicht vorgesehene, zu starke Abnutzung der Krallen erfolgt war; man muß sie also schon in einem Holzkasten erziehen, damit alles richtig klappt: so fein sind die Anpassungen an die Umwelt, und gewöhnlich weiß man davon nichts, ehe man nicht all solche Erfahrungen gemacht hat.

Im allgemeinen haben, wie bei vielen Triebhandlungen, die einzelnen Vogelgruppen beim Nestbau ihre ganz bestimmten Gewohnheiten, wie dies ja schon angedeutet wurde; so gibt es

z. B. keinen Specht, der sein Nest frei in einer Astgabel baut.
Aber solche Regeln werden, wie oft in der Systematik, doch bisweilen ganz unerwartet durchbrochen. So kommen frei auf Bäumen und im Gebüsch brütende Taubenarten vor, aber auch solche,
die in Baumlöcher gehen oder Felsnischen zur Wohnung nehmen,
wie z. B. die Stammutter unserer Haustaube, die in den Mittel-
meerländern hausende Felsentaube (s. Abb. 51a, S. 85), und es ist
schwer zu sagen, welche Nistweise für die engumschlossene
Taubengruppe ursprünglich ist. Die bei allen Formen glänzend
weißen Eier deuten auf stammesgeschichtliche Höhlenbrüterei,

Abb. 15. Zehntägiger Schwarzspecht mit Sitzwarzen an den Fersen.

da aber die bei weitem meisten, so zahlreich über die ganze Erde
verbreiteten Wildtaubenarten Offenbrüter sind und alle nur ein
bis zwei Eier legen, die sofort von beiden Eltern abwechselnd
bedeckt werden, so daß das Weiß nicht in Erscheinung tritt, so
kann man ebensogut auch das Umgekehrte annehmen, nämlich
daß sich die Höhlenbrüter von Offenbrütern ableiten; sie tragen
ja auch stets, wenigstens andeutungsweise, zu Neste. Wer den
südamerikanischen Mönchssittich nicht kennt, der wird alle
Papageien für Höhlenbrüter mit Spechtgewohnheiten halten,
zumal viele eine vorhandene Baumhöhle völlig ausräumen und die
weißen Eier auf das harte Holz legen. Ganz bestimmte Gruppen
tragen aber in ihre Höhle Baustoffe ein, so daß bei manchen ein
überwölbtes Nest, das seinen Eingang von oben hinten hat, entsteht; die erforderlichen Niststoffe werden nicht, wie bei anderen
Vögeln, mit dem Schnabel oder in den Fängen, sondern haupt-

sächlich zwischen dem Rücken- und Bürzelgefieder eingebracht (s. Abb. 16). Der Mönchssittich, der in manchen Zoologischen Gärten freifliegend gehalten wird, hilft sich noch anders: er ist zum Siedlungsbrüter geworden. In Südamerika sind es hauptsächlich die Unterbauten großer Greifvogelhorste, in deren sperriges Knüppelgewirr massenhaft feinere Reiser eingetragen werden, und jedes Papageienpaar hat dann seinen eigenen Einschlupf und sein eigenes Heim. Fehlt eine solche Unterlage, so sind die Tiere ziemlich hilflos, denn sie versuchen oft an recht ungeeigneten glatten Stellen Reisighaufen aufzuschichten, die dann, wenn sie zu groß werden oder ein Windstoß kommt, herabstürzen.

Abb. 16. Ein Papagei (Agapornis roseicollis = Rosenköpfchen) tragt im Ruckengefieder Spane zum Neste.

Auch bei uns werden große Horste, z. B. des Storchs, des Fisch- und des Seeadlers, von Kleinvögeln, insbesondere Sperlingen und Bachstelzen, die ja gern in Holzstöße, Reisighaufen und ähnliches trockenes Pflanzengewirr gehen, zur Nestanlage benutzt. Das entspricht aber durchaus nicht den Geselligkeitsbauten des Mönchssittichs.

Außer der absonderlichen Eiablage der australisch-papuanischen Großfußhühner, die wir bereits gestreift haben, ist die Brutweise von zwei Pinguin-Arten ganz einzigartig. Während die kleineren Pinguine ihre ein bis zwei Eier gewöhnlich in Steinnischen oder auch in flache, etwas ausgebaute Nestmulden legen und sie liegend bebrüten, können dies die größten, im ewigen Südpolareis lebenden Formen, der Königs- und der Kaiserpinguin natürlich nicht, und sie mußten auf einen andern Ausweg verfallen, um ihr Ei zu zeitigen. Bei ihnen bildet sich in beiden Geschlechtern eine besondere Hautfalte über dem Ansatz der Füße (s. Abb. 17), und in dieser Tasche wird das Ei von dem auf dem Eise stehenden Vogel ausgebrütet, während der andere Ehepartner im Meere fischt. Kehrt dieser zurück, so nähert sich das Paar, Brust gegen Brust, bis sich die Zehen berühren, und nun-

14

mehr wird das Ei mit dem Schnabel auf dem Fußrücken in die Tasche des ablösenden Elternvogels befördert, ohne daß es mit dem Eise in Berührung kommt. Dasselbe geschieht mit dem zuerst noch sehr hilflosen, auf die Atzung durch die Alten angewiesenen Jungen; es führt also ein echtes Beuteltierleben. Da der Königspinguin in den letzten Jahren öfter in Europa eingeführt wurde, konnte man diese eigenartige Brutpflege wiederholt beobachten und photographisch festhalten.

Es hat sich herausgestellt, daß ganz besonders fein gewebte und geformte Nester vielfach ausschließlich von den Männchen angelegt werden; sie dienen dann als Aushängeschild für die Werbung den brutlustigen Weibchen gegenüber, die sich also erst einfinden, wenn ein Webervogel- oder ein Beutelmeisenmann seinen Kunstbau (s. Abb. 12) so gut wie vollendet hat. Es mag dabei auch sein, daß der Anblick der Wohnung das Weib erst in die nötige Stimmung versetzt. Auch bei unseren Spechten scheint ähnliches vorzukommen, wenigstens ist beim Schwarz- und Buntspecht der Mann der Hauptzimmermeister der Baumhöhle; allerdings beteiligt er sich auch späterhin noch besonders eifrig bei der Bebrütung der Eier.

Abb. 17. Brutender Königspinguin. Das Ei steckt in einer Tasche (Hautfalte) der Bauchhaut uber den Füßen.

Bei den Webern und Beutelmeisen scheint der Mann zum mindesten das erste im Jahr gebaute Nest zu verlassen, sobald das Weibchen die Eier gelegt und sich zum Brüten angeschickt hat; er fertigt dann ein zweites an, wartet wieder auf eine Frau, ja es kommt sogar unter besonders günstigen Umständen noch zu einer dritten Nestanlage. Ist dann so ein Baukünstler schließlich nicht mehr in Webstimmung, so beteiligt er sich an der Aufzucht im letzten Neste.

Bei sehr vielen Vogelarten, z. B. bei Störchen, Möven, Adlern usw., tragen beide Eltern Niststoffe herbei; bei manchen, wie z. B.

bei der Amsel oder beim Finken, wird das Nest ausschließlich vom Weibchen gebaut, und bei wieder anderen ist der Mann der Zubringer und das Weib der Baumeister. Ein noch ungepaarter Nachtreiher sucht sich einen dicken Ast oder eine Astgabel aus, ruft und schleppt allerlei Reisig und Aststücke herbei, legt sie aber ziemlich wahllos in die Umgebung seines Sitzplatzes, so daß sie meist herabfallen oder an verschiedenen Stellen Nestanlagen entstehen. Findet sich dann ein liebebedürftiges Weibchen bei ihm ein, so übergibt er ihm unter ganz bestimmten Begrüßungstönen und -bewegungen die Niststoffe, und sie ordnet sie unter und um sich. Die Frau wird also der Mittelpunkt des nun immer mehr heranwachsenden Nestes. Oder ein anderes Beispiel: Zum Frühjahr hin sucht ein noch unbeweibter Tauber einen Nistplatz, der je nach der Art eine Höhlung oder eine Astgabel sein kann. Von diesem aus ruft er nun fast unermüdlich einen ganz bestimmten, sogenannten Nestlockton, bis eine Täubin herzufliegt. Es kann nun, wie z. B. bei den Fischreihern auch, vorkommen, daß die künftige Frau zunächst einige Male weggejagt wird, weil der betreffende Vogel es sonst nicht gewöhnt ist, daß ein Artgenosse ihm so dicht auf den Leib rückt. Schließlich aber gewöhnen sich die beiden aneinander, sie kosen oder bezeugen sich sonst durch eigenartige Bewegungen und Stimmlaute ihre Gunst. Der Reiher und der Tauber haben also gar nicht gewußt, daß die Nestortsuche der Familiengründung, also einem Weibchen sowie den künftigen Eiern und Jungen gilt. Sind sie dann aber einmal gepaart, so halten sie getreulich zusammen und erkennen sich auch außerhalb des Nistgebietes.

Im Gegensatz zum Reiher bringt der Tauber vor endgültig geschlossener Ehe niemals Niststoffe heran; ja, selbst wenn das Paar sich gefunden hat, vergeht noch eine geraume Zeit, bis der Nestbautrieb erwacht. Man kann also mit Bestimmtheit sagen, daß ein mit einem Reise fliegender Ringeltauber nicht nur einen Nistplatz, sondern auch eine Frau gefunden hat, der er die Niststoffe übergibt.

Wie weit all diese Dinge für alle gemeinschaftlich brütenden, also ehigen Vogelarten gelten, wissen wir zur Zeit noch lange nicht, da erst in den letzten Jahren ganz eingehende Beobachtungen an besonders gekennzeichneten Tieren gemacht werden konnten.

Dazu sei bemerkt, daß auch bei solchen Vogelarten, bei denen das Männchen keine Brutpflege ausübt, doch häufig der Mann den Nistplatz sucht oder die Auswahl des Ortes gemeinsam mit dem Weibchen betreibt. Dies bezieht sich auf viele Enten- und auch Hühnervögel; so gibt es Haushähne, die in Nistkästen kriechen und dort eifrig lokkend ihren Hennen die zur Brut geeigneten Winkel anweisen. Sowohl bei Eider-, Spieß-, bei Stock- und bei Brautenten (s. Abb. 18) habe ich Ähnliches gesehen. In der Folge begleitet ein solcher Entenmann seine Gattin zur Eiablage noch bis zum Neste, bleibt aber schließlich fern, wenn sie sich zum Brüten anschickt, vereinigt sich dann mit seinen Geschlechtsgenossen und kümmert sich nicht weiter um Liebesangelegenheiten, zumal er um diese Zeit das unscheinbare Sommerkleid trägt und für Wochen flugunfähig wird.

Abb. 18. Brautentenpaar auf der Nestsuche. Der Erpel untersucht, nach Spechtart vor dem Hohleneingang hängend, die künftige Brutstätte. Etwa $^1/_8$ nat. Gr.

Oft sind diese Dinge bei recht nahe verwandten Arten sehr verschieden; Gänse und Schwäne sowie einige andere entenvogelartige Gruppen sind auch im männlichen Geschlechte brutpflegend, und das kann so weit gehen, daß z. B. bei bestimmten Pfeifgänsen überhaupt nur das Männchen brütet und führt. Bei den weißen Schwanarten der Neuen und der Alten Welt brütet der Mann anscheinend nicht mit (s. Abb. 19), wenn er sich auch gelegentlich schützend über die Eier stellt Der australische Schwarze Schwan dagegen verhält sich wie ein Taubenmann, d. h. er brütet von vormittags bis in die Nachmittagsstunden hinein, wo ihn dann die Gattin ablöst. Übrigens hat man sich, wenigstens bei vielen Vogelarten, die Ablösung nicht so zu denken, daß der Brütende froh ist, wenn er endlich vom Neste gehen kann, sondern der Ankommende, also Ablösende, hat oft seine liebe Not, auf die Eier zu gelangen; er muß den Brütenden mit sanfter Gewalt zur Seite schieben, wie

Abb. 19. Hockerschwanmannchen, sein Nest verteidigend.

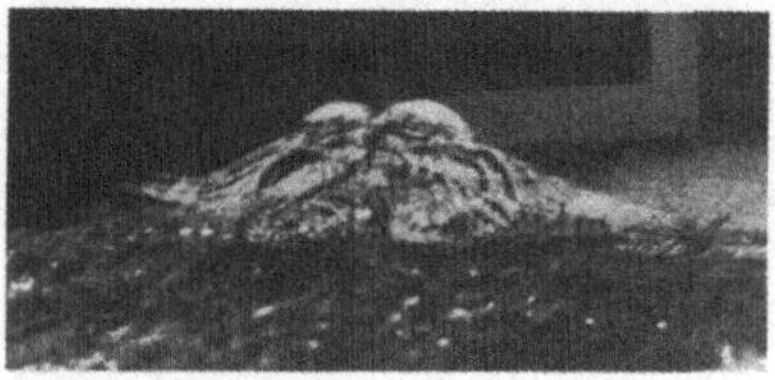

Abb. 20 vom Ziegenmelker zeigt. Manche Vögel halten bei der Ablösung bestimmte Tagesstunden oder Zeitabstände ein, die sehr verschieden groß sein können; bei Kleinvögeln sind es oft nur 10 bis 20 Minuten, bei Geiern 2 bis 3 Tage. Dies hängt natürlich von der Art des Nahrungsbedürfnisses und Nahrungserwerbes ab.

Nicht immer läßt sich genau sagen, ob für gewöhnlich beide Eltern brüten oder nur ein Teil; zwischen Ablösung und „unbedeckte Eier nicht liegen sehen können" muß

Abb. 20. Brutablösung beim Ziegenmelker.

man da einen Unterschied machen. So ist bekannt, daß bei der kalifornischen Schopfwachtel das Männchen zwar Nistgebiet und Weibchen beschützt, aber für gewöhnlich nicht brütet: kommt die Brüterin aber um und sieht der Hahn das verlassene Nest, so setzt er sich darauf, brütet die Eier aus und führt die Jungen.

Nun kann aber auch das Gegenteil eintreten, und das gilt namentlich für solche Vogelformen, die triebhaft eine sehr geregelte

Ablösung haben; so gibt es Papageienarten (Nymphensittich), bei denen am Tage der Mann in der Nisthöhle auf den Eiern sitzt und nachts das Weibchen. Kränkelt oder stirbt nun das Weibchen, so daß die Eier kalt werden, so kommt der vor dem Nesteingang übernachtende Ehepartner nicht auf den naheliegenden Gedanken, sich auf die Eier zu setzen, und die Brut geht zugrunde.

Manchen Vogelarten ist die Länge der Brutdauer angeboren, d. h. sie verlassen die Eier, wenn nach „den vorgeschriebenen Wochen", wie Busch sagt, „kein Pieperich hervorgekrochen" ist. So verlassen manche Tauben genau zu der Zeit das bis dahin treu und abwechselnd bebrütete Gelege, wenn bei der Wandertaube mit 13, bei der Haustaube mit 17 Tagen kein Junges schlüpft, und zwar selbst dann, wenn es schon anfängt, die Eischale zu durchbrechen und zu piepen. Man kann dies ja dadurch hervorrufen, daß man die von dem Paar erzeugten Eier einen Tag lang beiseitelegt, so daß sie also 24 Stunden später schlüpfen müssen. Haustauben können sich da sehr verschieden benehmen; sie sind eben „verhaustiert", d. h. die feinsten Triebhandlungen können gewissermaßen verbummelt sein. Es gibt demnach auch Paare, die noch viele Tage „überbrüten", wie der Züchter sagt. Dasselbe gilt für die Haushühner, -gänse und -enten; über Wildvögel ist wenig bekannt, doch scheint bei manchen Formen ein sehr langes Überbrüten regelmäßig vorzukommen, z. B. beim Kiebitz, wenn seine zu früh gelegten Eier erfroren sind.

Man wird oft gefragt: „Legen denn Hühner auch ohne Hahn"? Ja, das tun sie, denn das Eierlegen entspricht nicht der Geburt beim Säugetier, sondern bis zu einem gewissen Grade der regelmäßig wiederkehrenden Brunst unbefruchteter Säugetierweibchen; bei der menschlichen Frau wiederholt sich das ja auch gewöhnlich alle Monate. Nun hat das männliche Geschlecht und das Liebesleben überhaupt beim freilebenden Vogel doch insofern einen Einfluß auf die Eibildung, als sie durch die Werbung des Männchens angeregt wird, und auch Junghennen fangen etwas später zu legen an, wenn kein Hahn bei der Schar ist. Außerdem können gewisse Prägungen insofern eintreten, als der mit einer zahmen Täubin oder einem Papageienweibchen kosende Pfleger die zum Eierlegen nötige Liebesstimmung hervorzurufen vermag. Auch tun sich in Gefangenschaft gehaltene Vogelweibchen in

Ermangelung von Männchen gelegentlich als Paare zusammen und regen sich geschlechtlich aneinander auf. Für das Liebesleben der Männchen gilt Ähnliches, es können sich Männchenpaare bilden.

Was geschieht, wenn man einem Vogel frisch gelegte Eier wegnimmt? Das ist je nach den Arten recht verschieden. Es gibt solche, die die gewöhnliche Anzahl ihres Geleges zu Ende legen, also gewissermaßen ihren Vorratsrest ausbrüten, oder wenn man das ganze frische Gelege entfernt, wird nach einiger Zeit ein sogenanntes Nachgelege oder Ersatzgelege gemacht; unter diesen Umständen werden die Vögel schon nach kürzester Zeit wieder paarungslustig, bauen sich häufig ein neues Nest, und ein bis drei Wochen später findet dann darin wieder eine neue Brut statt. Dies gilt z. B. für Tauben. Andere Arten scheinen ein Gefühl dafür zu haben, eine wie große Zahl von Eiern ihr gewöhnliches Gelege enthalten muß, und legen einfach immer weiter, wenn man täglich ein Ei wegnimmt. Bei einem nordamerikanischen Specht hat man es in 73 Tagen auf 71 Eier gebracht, bei einem Grünspecht auf 17 Eier. Ein solcher Vogel kann also beliebig, und zwar bis zur Erschöpfung, weiterlegen; die meisten Hühnerrassen und auch viele Hausenten sind vom Menschen daraufhin gezüchtet, so daß einige gar nicht mehr brüten, sondern nur noch legen. Das Ausbrüten besorgt dann der Brutschrank oder eine andere, fremdrassige Henne, die nicht so auf „Nur-Eierlegen" gezüchtet ist.

Nicht alle Vogelpaare machen nach Zerstörung ihrer Brut ein Nachgelege. Solche, die für gewöhnlich im Laufe eines Frühlings und Sommers mehrere Bruten machen, tun dies, solange ihre Keimdrüsen noch in Tätigkeit sind, also solange die Mauser noch nicht eingesetzt hat. Manche große Geier- und Adlerarten scheinen kein Ei nachzulegen, wenn man ihr erstes und einziges Ei fortnimmt, denn bei diesen feindlosen Tieren ist so etwas stammesgeschichtlich nicht vorgesehen.

3. Die Brut

Wenn die Bauersfrau nach altem Aberglauben am Sonntag, wenn die Glocken zwölf schlagen, eine Glucke auf beliebig ausgewählte, frisch oder einige Tage vorher gelegte Eier setzt,

so ist das natürlich sehr einfach, d. h. alle Küken werden schon
nach ungefähr 20 Tagen ausschlüpfen. Wie verhält es sich aber
beim freilebenden, sich völlig selbst überlassenen Vogel? Da
gibt es einige, wie z. B. Eulen und andere größere Nesthocker,
die vom ersten Ei ab brüten und dann alle 1 bis 2 Tage ein weiteres Ei hinzulegen. Die Jungen kommen dann in Abständen
von 1 bis 2 Tagen aus, und der Größenunterschied ist beim
Heranwachsen ganz gewaltig. Auf dem beigefügten Bild „3 Uralkäuze" (Abb. 21) sieht man drei Nestgeschwister, von denen das
jüngste 8, das nächste 10 und das größte 11 Tage alt ist. Bei

Abb. 21. Drei Uralkäuze, Nestgeschwister.

Sumpfrohreulen kann man diese unterschiedliche Größe der be-
daunten Jungen besonders schön sehen: Das Nest steht frei in
der Luchwiese und sieht von weitem wie ein in sich vollkommen
geschlossener, weißer Kegel aus; der Kopf des größten Jungen
bildet die Spitze, und die vielen Geschwister — eins immer
kleiner als das andere — lehnen sich von allen Seiten her an das
größte Eulchen an, so daß man die einzelnen Tiere in dem
dichten Pelz zunächst gar nicht herauskennt, weil das Ganze
wie ein sich nach unten stark verbreiternder, verschimmelter
Torfklotz wirkt.

Bei Tauben wird das erste Ei am späteren Nachmittag gelegt
und von den beiden Alten abwechselnd, lose darüberstehend,
in der Weise beschirmt, daß es unsichtbar bleibt und auch nicht
übermäßig auskühlen kann. Am übernächsten Tage folgt über
Mittag das zweite, und nun erst beginnt die eigentliche Brut,
so daß die beiden Täubchen nach $16^1/_2$ Tagen oft ziemlich zugleich schlüpfen. Viele Sing-, Greif- und andere *nesthockende*

Vögel verhalten sich so, daß etwa die ersten 3 Eier vorläufig unbebrütet bleiben, dann setzt die dauernde Erwärmung ein, und es werden noch 2 Eier zugelegt, aus denen dann die Jungen natürlich etwas später hervorkommen als aus den ersten Eiern. Auch *Nestflüchter* gibt es, die vor der Ablage des letzten Eies zu brüten anfangen, wie z. B. Taucher und Rallen; dann übernimmt bei Ablauf der Brutdauer der nicht gerade brütende Partner die Kinder, während der andere auf den Eiern weiter sitzen bleibt. Schwierig wird die Sache, wenn bei Nestflüchtern nur ein Elternvogel auf einem großen Gelege brütet, denn dann ist es unbedingt nötig, daß alle Küken zugleich ausschlüpfen, da sie doch schon wenige Stunden später das Nest verlassen und sofort in ein geeignetes Gelände geführt werden. Man ist immer wieder erstaunt, wenn man den Lege- und Brutvorgang einer Birkhenne oder einer Stockente, wo doch nur das Weibchen brütet und führt, beobachtet. Die ersten Eier werden im gewöhnlich recht feuchten Boden abgelegt und dann sofort mit Gras und dergleichen zugedeckt. Täglich erscheint dann die Alte, legt ein neues Ei dazu und bleibt bei den letzten immer länger auf dem Nest sitzen, bis schließlich mit dem Schluß-Ei das eigentliche Brüten einsetzt. Hat man sich die Eier gekennzeichnet, so bemerkt man bei der Durchsicht, dem sogenannten Schieren, daß die ersten Eier schon recht gut wahrnehmbare Keimscheiben erkennen lassen, wenn das letzte gelegt wird, was natürlich darauf beruht, daß sie während der Legetätigkeit der Mutter täglich mehr und mehr gewärmt wurden. Es mag sein, daß die ja schon lange im Mutterkörper befruchteten und in ihm umhergetragenen Eier eine etwas kürzere Brutdauer nötig haben als die ersten, jedenfalls schlüpfen in freier Wildbahn, wenn also alle Triebhandlungen regelrecht ablaufen, die elf bis dreizehn Stockenteneier nach sechsundzwanzig Tagen fast immer innerhalb zweier Stunden aus. Die Küken trocknen sich unter der Mutter und fetten sich bei ihren Bewegungen dabei zugleich das ganze Daunenkleid so an der Ober- und Unterseite der alten Ente ein, daß sie wenige Stunden später wasserfest sind und ausgeführt werden können. Vielfach hat man dabei den Eindruck, daß nicht die Mutter der zum Aufbruche mahnende Teil ist, sondern daß die unruhigen Küken weg wollen und die

Alte ihnen gewissermaßen nur den Weg zeigt. Ein angeborener Trieb sagt ihr, daß Entenküken nicht fliegen, sondern nur hüpfen, laufen, schwimmen und tauchen können, und so geht sie dann den gewohnten Weg vom Nest zum Wasser, den sie sonst fliegend zurücklegte, langsam zu Fuß. Bleibt ein Kind zurück, so piept es mit schriller Stimme, wodurch die Alte zum Anhalten oder Umkehren veranlaßt wird, und auf diese Weise kommt schließlich die ganze junge Schar oft viele hundert Meter weit zum Ziele, d. h. zum Wasser. Stammesgeschichtlich Unvorhergesehenes darf bei all diesen Dingen natürlich nicht eintreten, denn im allgemeinen reicht das Denkvermögen eines Vogels nicht aus, sich in einer ungewohnten Lage zurechtzufinden; Stockenten brüten, wenn unten keine rechte Deckung vorhanden ist, oft hoch in ausgefaulten Bäumen, alten Raubvogelhorsten und dergleichen, und wenn sie ihre Jungen zum Wasser führen, machen sie es dann auch nicht anders als sonst, d. h. die Kinder hüpfen einfach hinunter, schließen sich der unten wartenden Mutter an und gehen auf den nächsten Teich. In der freien Natur schadet ein solch hoher Sprung diesen weichen Daunenbällchen fast nie etwas. Aber die Sache wird anders, wenn man sie ins Großstädtische übersetzt. So brütete eine Stockente auf dem flachen Dache eines vierstöckigen Hauses mitten in Berlin, ausgerechnet über der Städtischen Stelle für Naturschutz. Die ganz kleinen Jungen liefen über das bemooste Dach und stürzten hinunter auf das Straßenpflaster, wo die meisten natürlich kläglich endeten, zum Entsetzen der tierliebenden vorübergehenden Leute, von denen sich dann auch einige gleich im selben Hause beschwerten. Da Unannehmlichkeiten entstanden, wurde ich im nächsten Jahr, als die Ente den gleichen Brutplatz bezogen hatte, zu Hilfe gerufen; ich ließ das Nest niedrig umzäunen, schierte die Eier und gab Anweisung, mich zu holen, wenn die Jungen an dem vorauszusagenden Tage schlüpften. Auf fernmündlichen Bescheid hin versahen wir uns mit einem großen Netz, fingen die abstreichende Ente damit ein, griffen die Jungen in der kleinen Umzäunung und brachten die ganze Familie auf einen Teich des 5 km entfernten Zoologischen Gartens. Vorsichtig, ohne die alte Ente zu verscheuchen, wurde der Schieber des

Kastens am Teichrande geöffnet, und bald schwamm sie mit ihrer Kinderschar dahin. Im folgenden Jahre bezog dieselbe Ente — wir hatten sie beringt — denselben Nistplatz auf dem Dach, und das ganze Schauspiel wiederholte sich.

Noch ein anderes Entenbeispiel. Ich hängte vor Jahren große, innen glatte Nisthöhlen (s. Abb. 18, S. 17 u. Abb. 22) für freifliegende Braut- und Mandarinenten im Berliner Tiergarten auf, die sich für diese Arten sehr gut bewährten, denn die darin ausgeschlüpften Jungen hüpften und kletterten auf den Rand des Höhlenloches und dann ungefähr 10 m tief auf Wiesen und Gestrüpp hinunter (Abb. 22). Beim herbstlichen Absuchen dieser Nistkästen ergab sich nun, daß in einigen sich die Mumien von Stockentenküken vorfanden. Das erklärt sich so: Die Küken aller stets in mehr oder weniger tiefen Höhlen brütenden Enten, z. B. Braut-, Mandarin-, Schell- und Türkenenten, haben vermöge ihrer spitzen Zehenkrallen die Fähigkeit, auch an verhältnismäßig glatten Gegenständen steil emporzuklettern. Sie arbeiten sich z. B. ohne weiteres aus einer hohen, unbedeckten Kiste heraus und laufen unter Umständen kopfunter an einem diese bedeckenden Drahtgeflecht entlang. Sie sind also von Natur darauf angepaßt, aus engen, tiefen Baumhöhlen herauszukrabbeln. Das Weitere besorgt dann die Schwerkraft. Die Kinder von Entenarten, die auf dem Boden oder auf flachen Nestern brüten, können dies nicht, und keine Mutterente kommt auf den naheliegenden Gedanken, die Jungen wenigstens bis zum Nesteingang zu befördern, sei es, daß sie sie in den Schnabel nähme oder sich gleichsam als Stufe und Leiter so ins Nest stellte, daß die Jungen über sie weg und ins Freie gelangen könnten. Auch wenn so ein neugeborenes Entenvolk auf seinem ersten Wege zum Wasser in ein glattrandiges,

Abb. 22. Einige Stunden alte Brautentenkuken vor dem Absprung aus ihrer 9 m hohen Baumhöhle. Etwa $^1/_8$ nat. Große.

aber im Verhältnis zu der alten Ente gar nicht tiefes Loch oder in ein scharf ausgefahrenes, querverlaufendes Wagengleis gerät, so kommen diese unglücklichen Küken jammervoll um, denn die Mutter bleibt auf ihr Schreien hin zwar zunächst stehen, denkt aber nicht daran, sie mit dem Schnabel aus dem flachen Hindernis herauszuheben, und zieht schließlich mit den nicht verunglückten auf und davon.

4. Über Nesttreue, Lahmstellen, Nest-Irrungen

Verläßt ein Vogelpaar sein Nest endgültig, wenn ein Mensch es daraus vertrieb oder die Eier berührt hat? Auch dies ist sehr verschieden. Ein einfaches Berühren der Eier merkt kein Vogel, wenn er dabei nicht beunruhigt wurde oder die Umgebung des Nestes nicht durch Niedertreten von Pflanzen usw. stark verändert worden ist. Ich habe die Beobachtung gemacht, daß Vogelarten, die schon sehr zeitig im Frühjahr mit dem Brüten beginnen und auch ungestört 3 bis 4 Bruten machen, das erste Gelege leichter verlassen als das letzte; das erklärt sich wohl daraus, daß die Tiere im Frühling wegen ihrer geschwollenen Keimdrüsen leichter wieder in Fortpflanzungsstimmung kommen als im Sommer, wo die Vögel nur noch Sinn für Brüten und Füttern haben. Im übrigen richtet sich die sogenannte Nesttreue sowohl nach den einzelnen Arten als auch nach den äußeren Umständen. Will ich beispielsweise bei einer wildbrütenden Stockente nur die Eier nachsehen, so mache ich mich bei der Annäherung an das mir bekannte Nest schon von weit her bemerkbar und gehe, wie durch Zufall, hart daran vorbei. Die Ente hatte mich natürlich schon bemerkt, und drückt sich triebhandlungsmäßig in der Erwartung, daß ich sie übersehen werde. Komme ich dann allzu nahe, so fliegt sie schließlich doch heraus und entschwindet bald meinem Gesichtsfelde. Nun kann ich ruhig die einzelnen Eier schieren, d. h. auf ihren Bebrütungszustand nachsehen, sie ins Nest zurücklegen, wieder mit Daunen zudecken und meines Weges gehen. Die Ente aber wird irgendwo ein Gewässer aufgesucht haben, sich putzen, trinken, etwas fressen und, wie nach der täglichen Brutpause auch, in gewohnter Weise auf das Nest zurückkehren, um weiterzubrüten. Hatte ich aber die Brutstelle der Stockente eigentlich für eine seltenere Wildentenart ausersehen, so kann ich der Brüterin ihr Heim dadurch vergraulen, daß ich mich heimlich anschleiche und, sie plötzlich überraschend, nach ihr greife; dann fliegt sie unter Angstrufen erschreckt ab und kehrt so leicht nicht wieder, denn sie verbindet nun Niststelle mit Lebensgefahr. Dasselbe gilt für unsere gewöhnlichen Ringeltauben, und deshalb stimmen die alten Angaben über Nestuntreue für die vielen Paare, die sich neuerdings in städtischen Parks angesiedelt haben, gar nicht. Finde ich ein Nest draußen im menschenleeren Forst, so prasselt die brütende Taube entsetzt davon und kommt nicht wieder; ich habe aber des öfteren hier im Zoologischen Garten, um die Entwicklung der Eier und Jungen nachzusehen, mit der Leiter bestimmte Ringeltaubennester besucht, und dabei konnte zweierlei eintreten: entweder der brütende Vogel ließ sich vom Baum herunter auf die Erde fallen und flatterte, sich lahm stellend (s. auch Abb. 23, S. 27), davon, oder aber er erhob sich nur unwillig und blieb auf demselben Aste oder einem benachbarten sitzen, bis die Störung vorüber war. In beiden Fällen wurden die Bruten fortgesetzt. Diese Parktiere sind eben den Anblick des Menschen gewöhnt und verstellen sich entweder wie sonst gegen ihre natürlichen kleineren Feinde, oder sie lassen sich überhaupt nicht viel stören. Im großen und ganzen kann man sagen, daß ein brütender oder kleine Junge wärmender Vogel so gut wie immer zum Neste zurückkommt, wenn er nur nicht bei der Störung in Todesangst geraten ist. Wodurch die Sage entstanden ist, daß Vögel die Berührung der Eier durch Menschenhand bemerken und daraufhin das Nest aufgeben, weiß ich nicht, zumal doch Vögel nicht eigentlich riechen können; vielleicht handelt es sich um eine Volkssage, die den Kindern eingeredet wird, damit sie die Vogelnester in Ruhe lassen.

Vorhin war vom Lahmstellen des brütenden Ringeltaubers die Rede, und manch einer wird die Beobachtung gemacht haben, daß sich beim Herantreten an einen Busch eine Grasmücke zur Erde fallen läßt und sich, scheinbar mühevoll flatternd und hilflos, im Grase weiterbewegt; dann ist immer das Nest oder zum mindesten die frisch ausgeflogene Brut in der Nähe, und es tritt für den Altvogel die Triebhandlung des Lahmstellens ein, die insofern arterhaltend ist, als er den Fuchs oder die Katze ablenken und aus der gefährdeten Gegend weglocken will. Das tun sehr viele Vögel aus den verschiedensten Gattungen und Familien, so z. B. auch Rebhühner, Enten, Regenpfeifer (s. Abb. 23), Kraniche, und es taucht einem da die Frage auf, ob dieses arterhaltende Benehmen bei den einzelnen Vogelgruppen selbständig entstanden oder schon sehr früh in der Entwicklungsreihe der Vögel aufgetreten ist und dann nur bei manchen Arten verlorenging. Am häufigsten sieht man das Lahmstellen bei Erdbrütern oder bei solchen Formen, die dicht über dem Boden nisten, denn nur dann hat diese Nasführerei einen Zweck; wenigstens ist wohl kaum anzunehmen, daß die oben im Baumwipfel räubernde Krähe sich um den hinabfallenden und unten wegflatternden Altvogel kümmert. Dem Laien

Abb. 23. Sandregenpfeifer stellt sich beim Anblick einer Krähe unweit seines Nestes lahm.

kommt das Lahmstellen äußerst vernünftig vor, er glaubt also mit Sicherheit, daß der einzelne Vogel wirklich wisse, daß man auf diese Weise einen Fuchs betrügen könne. Gegen diese Annahme spricht, daß alle Vertreter einer Art sich bei gleicher Gefahr genau ebenso benehmen, außerdem kann ein erstmalig brütender Vogel, der noch nie einen kranken oder verwundeten Artgenossen gesehen hat, der einem Räuber zum Opfer fiel, sich während der Brutzeit wohl kaum ausmalen, was er wohl tun würde, wenn sich eine Gefahr dem Nest nähert. Die ganze Geschichte muß also wohl angeboren sein. Eine Zeitlang glaubte man auch, daß der Vogel durch das Brüten vielleicht so steif geworden sei, daß er sich zunächst nur humpelnd fortbewegen könne. Davon ist natürlich keine Rede. Man denke nur daran, daß eine Kleinküken führende Ente sich einem größeren Feinde gegenüber ebenso verhält wie eine brütende Grasmücke, und diese gründelnde oder eifrig dahinschwimmende Entenmutter ist doch wirklich nicht steif. Bei den in Parks lebenden, also an den Menschen gewöhnten wilden Stockenten kann man ganz genau feststellen, wann dieses Lahmstellen oder Fortlockenwollen eintritt: geht man an die am Rande eines Teiches ihre Küken hudernde oder mit ihnen Futter suchende Ente heran, so sichert sie zunächst mit erhobenem Kopf, stößt einen leisen „Warnruf" aus und schwimmt dann mit ihren Kindern eilig auf die Wasserfläche hinaus. Kommt man dagegen von der Wasserseite geräuschvoll rudernd und die Tiere scharf ansehend in die Nähe, so warnt die Alte, die Küken schießen nach allen Seiten auseinander oder tauchen weg, und die geängstigte Mutter umflattert einen auf der Wasseroberfläche, als könne sie, schwer angeschossen, nicht vorwärts.

Vielfach findet man recht unzweckmäßig angelegte Vogelnester, namentlich unmittelbar an verkehrsreichen Wegen. Sie werden dann meist verlassen, sobald sich das Paar zum Brüten anschickt. Nach meinen Beobachtungen entstehen solche Fehlschläge dadurch, daß der Nestort gewöhnlich in den frühen Morgenstunden ausgesucht wird, wenn alles ruhig ist, und Nestbau sowie Eierlegen erfolgen zu Zeiten, wo wenig Verkehr herrscht. Ein Brüten wird nun dadurch unmöglich, daß, wie z. B. hier im Zoologischen Garten oder in Parkanlagen, besonders an Feiertagen sich ganze Menschenströme an dem offen dastehenden Neste vorbeiwälzen, wodurch die Tiere natürlich völlig verscheucht werden. Es spricht nicht gerade für große Klugheit, daß ein Vogelpaar, das schon jahrelang am selben Orte wohnt und eigentlich wissen müßte, daß eine Landstraße zu gewissen Zeiten sehr stark besucht ist, auf ein paar verkehrsarme Stunden hineinfällt.

Der Uneingeweihte ahnt meist nicht, wieviel Schmarotzerinsekten man namentlich in Kleinvogelnestern finden kann. Sie führen häufig nicht nur zur Schwächung, sondern auch zum Tode der hilflosen Insassen. Da merkt man z. B., daß ein Bachstelzenpaar nicht mehr so eifrig zu Neste fliegt wie sonst, obgleich die Jungen ihren Fütterton, allerdings etwas matt, aber dafür um so unentwegter hören lassen. Bei der Besichtigung des Nestes ergibt sich, daß die schon fast flugfähigen Stelzenkinder nicht so rührig sind, aber man sieht ihnen zunächst weiter nichts an, bis man sie herausnimmt und gewahr wird, daß die noch kahle Unterseite rote Fleckchen aufweist. Untersucht man dann den Boden des Nestes, so entdeckt man zahlreiche — es können etwa 120 Stück sein — mehr oder weniger große Fliegenlarven, die nach späterer Verpuppung eine schmutzig-graublaue Fliege ergeben; sie heißt *Lucilia sordida*. Bei zweiten und dritten Bruten ist dies anscheinend häufiger als bei Frühbruten, wo die Zahl der eiablegenden Schmarotzerweibchen noch nicht so groß ist. Ohne menschliche Hilfe ist eine so stark befallene Brut dem Tode geweiht. Ich habe dann rasch aus etwas Heu und dergleichen ein neues Nest an dieselbe Stelle gesetzt und die Jungen wieder hineingetan. Die Eltern fütterten weiter, und ihre Kinder erholten sich, so daß sie gesund ausflogen. Besonders in Schwalbennestern und überhaupt bei Höhlenbrütern wimmelt es oft von unglaublich vielen Wanzen, Flöhen und flügellosen Fliegen, und auch dies Ungeziefer läßt manchen Jungvogel dahinsiechen oder verunstaltet durch Einstiche in die Haut und die noch wachsenden Federkiele die Federn so, daß die Schwingen nicht gebrauchsfähig werden. Es mutet einen dabei eigentümlich an, daß sonst so findige Insektenfresser, wie z. B. gerade die Bachstelzen, diesen Peinigern und Mördern ihrer Kinder nicht zu Leibe gehen und sie nicht ohne weiteres an sie verfüttern.

Überhaupt ist es mit der Lieblichkeit und Traulichkeit eines Vogelnestes meist nicht so gut bestellt, wie der Laie meint, und man kann sagen, daß die Zeitspanne, die der Alt- und insbesondere der Jungvogel im Neste verbringt, wohl die gefahrenreichste seines Lebens ist; denn ganz abgesehen von tierischen Feinden der verschiedensten Art sind Platzregen, Hagelschlag und besonders bei Bodenbrütern auch Überschwemmungen den während der Brutzeit an den Ort gebundenen Tieren sehr gefährlich. Man weiß z. B. von Amseln und von Singdrosseln, daß die Hälfte und mehr der angefangenen Bruten nicht zu dem Ziele führt, das sich das Vogelpaar, natürlich unwissentlich, gesteckt hat.

Vögel, die nicht gesellig brüten, geraten manchmal in schwere Irrtümer beim Bauen, wenn sich gleichende Nestanlagen dicht nebeneinander sind. Hat z. B. ein Gebäude in seinen Verzierungen mehrere Nischen in derselben Höhe nebeneinander, so trägt ein Rotschwanzpaar bald hier und bald dort Baustoffe ein, was so weit führen kann, daß die Tiere diese verwirrende Tätigkeit schließlich aufgeben und abziehen. Ähnliches wurde auch dann festgestellt, wenn eine Amsel sich die Ecke auserkoren hatte, die entstand, wenn in einer Gärtnerei 3 Leitern waagerecht übereinander an einer Mauer aufgehängt waren

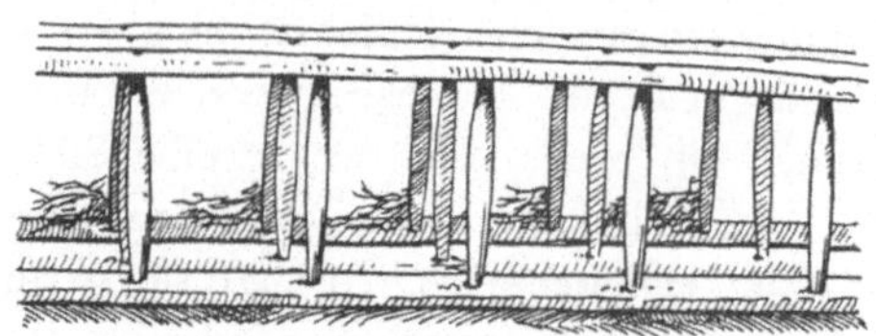

Abb. 24. Irrtumlich mehrfache Nestanlagen einer Amsel zwischen den Sprossen dreier Leitern.

(s. Abb. 24). Da eine Leiter ja nicht nur eine Sprosse hat, so entstehen durch diese Zusammenstellung ungefähr ein Dutzend oder mehr ganz gleichmäßige Winkel, so daß der Vogel an 9 Stellen zu bauen anfing, aber schließlich der Länge der Zeit wegen doch kein Nest zu Ende brachte. Hat, wie im ersteren Falle, ein Rotschwanzpaar 2 oder 3 gleichmäßige Nischen wirklich richtig ausgebaut, und kommt es wirklich zum Legen, so wird das zuerst abgelegte Ei dann der Anhaltspunkt dafür, welches das richtige Nest ist, und die Brut gelingt. Für Haustauben gilt übrigens Ähnliches: sie irren sich im Schlage, namentlich im Anfang, recht häufig in ihren dicht über- und untereinander angebrachten Nistkästen, und es gibt dann eine wüste Schlägerei, blutende Köpfe und zertretene Junge bei dem Kampfe zwischen dem rechtmäßigen Besitzer und dem Irrling, der ja eigentlich zu seiner Frau ein Stockwerk höher oder tiefer wollte, aber nun nicht sagen kann: „Verzeihen Sie, ich habe mich geirrt." Ohne Verstand und Sprechvermögen würde es uns in einem Hotel ebenso ergehen, wenn wir die Zimmertüren verwechselten.

5. Kennt der Vogel seine Eier?

Auch diese Frage läßt sich nicht allgemein beantworten. Viele Versuche haben ergeben, daß ein großer Teil der Greifvögel, der Hühnervogel, der Entenartigen und sehr vieler anderer Vogelgruppen nicht nur die eigenen Eier nicht von denen fremder Artgenossen zu unterscheiden vermag, sondern alles auszubrüten versucht, was sich, namentlich durch die Form, zum Daraufsitzen eignet; auf die Farbe kommt es weniger an. So hat man Schwäne auf Flaschen brüten sehen, und ich konnte unbedenklich die bunten, stark gefleckten Eier vieler regenpfeiferartiger Vögel brütenden Taubenpaaren anvertrauen. Manchen Vögeln geht die Sache aber doch zu weit, wenn die Veränderung zu groß wird, und man hat daraufhin in Möwen- und Seeschwalbensiedlungen Versuche gemacht, die ergaben, daß die Annahme knallroter Eier häufig verweigert wurde. Auch ein einfarbiges Weiß wurde gegenüber den eigenen grünlichen, braun gefleckten Eiern beanstandet; das schließt nicht aus, daß so ein als fremdartig erkanntes Ei doch schließlich bebrütet wird, wenn man es in die Nestmulde gelegt hatte. Es kommt da auf die Brütewut des einzelnen Vogels und auf die schließliche Gewöhnung an. Die vergleichende Verhaltensforschung (Ethologie) hat dieses Problem weiterhin bearbeitet durch die Analyse der einzelnen Reize, die auf einen brütenden Vogel wirken, wenn ihm zur Wahl vor sein Nest neben seinem eigenen Ei verschiedene abgeänderte Ei-Attrappen zum Einrollen ins Nest geboten werden. Man variierte die Stärke der Fleckung, die Eigröße und den Untergrund im Kontrast zur Fleckung, Reize, die sich beim normalen Ei summieren (Reizsummenregel von A. Seitz). Überhöhte man einen dieser Reize, so zog z. B. ein Austernfischer eine übergroße Ei-Attrappe seinem eigenen Ei vor, ein Sandregenpfeifer, dem ein feingetupftes Ei eignet ähnlich dem des Flußregenpfeifers auf Abb. 35, wählte ein stärker getupftes Ei; die angeborenen „Vorlieben" erwiesen sich je nach der Vogelart verschieden. Bei Kleinvögeln, die durch Brutschmarotzer gefährdet sind, liegen diese Dinge etwas anders, wie wir bei der Betrachtung des Kukkucks noch sehen werden.

Bekanntlich gibt es eine ganze Menge Vögel, die Eier fressen und namentlich ihre Brut mit dem sehr nahrhaften Ei-Inhalt aufziehen; man denke da besonders an Krähen und ihre näheren Verwandten sowie an Möwen, und zwar hauptsächlich Sturm-Silber- und Mantelmöwen. Da hat sich wohl mancher schon die Frage vorgelegt: Warum fressen sie nicht ihre eigenen Eier, sondern beschützen und bebrüten sie eifrig? Nun hat sich ergeben, daß einem Krähen- oder einem Möwenpaar das Nest gewissermaßen tabu ist, und was im Nest liegt, wird, wenn es nur halbwegs Ähnlichkeit mit Eiern oder Jungvögeln hat, betreut. Entfernt man ein Silbermöwenei ungefähr einen Meter weit vom Nest, so wird es ohne weiteres von den Eltern aufgefressen, genau so wie die Eier der Artgenossen, wenn sie nicht von den Eigentümern beschützt werden. Umgekehrt kann man einer Silbermöwe, deren Gelege gewöhnlich aus 3 Eiern besteht, das ganze Nest voll fremder Eier packen, und das Paar wird sich zum Brüten oben auf die Spitze des Eierhaufens setzen, ohne die untergeschobenen Eier zu gefährden. Für manche, namentlich Singvogelarten, in deren Nester der Kuckuck häufig sein Ei legt, gelten diese Verhältnisse nicht so unbedingt, aber darauf wollen wir nicht hier, sondern bei der Besprechung des Nestschmarotzens noch etwas näher eingehen.

6. Erkennt der Vogel seine Jungen?

Dies ist sehr verschieden bei Nesthockern und Nestflüchtern. Legt man einer einzeln gehaltenen Adlerin oder Milanin statt des ihrigen ein Enten- oder Hühnerei ins Nest, so wird es ohne weiteres bebrütet. Schlüpft dann das Junge aus, so werden vergebliche Fütterungsversuche gemacht, und rennt das Kleine, wie es so seine Art ist, davon, so wird es gefangen und aufgefressen. Es wird also nicht mehr für einen aufzuziehenden Jungvogel, sondern für ein Beutetier gehalten. Oft schob ich brütenden Hühnerglucken die verschiedenartigsten Eier unter und merkte sehr bald, daß es ganz auf die Rasse oder auch auf das einzelne Stück ankommt, ob die geschlüpften Vogelkinder geführt oder getötet werden. Durchaus nicht jede Henne führt die von ihr erbrüteten Entlein; manche nehmen nicht einmal die doch nahe verwandten Fasanenküken an, und es gibt sogar solche, die nur Hühnerküken anerkennen, deren Daunenkleid dem des ursprünglichen Wildhuhns, also des südasiatischen Bankivas, entspricht. Die von den Nestflüchterküken sehr verschiedenen Nesthockerjungen dürften von den wenigsten Haushennen bemuttert werden: ich versäumte am Schlüpftage eines einer Zwerghenne untergelegten Kolkrabeneies, vor Tagesanbruch nachzusehen, und da hatte die Glucke den sperrenden Raben sofort getötet. In der Folge wurde ich sehr vorsichtig und entfernte artfremde Eier fast stets, ehe die Jungen sich darin durch Piepen oder Picken meldeten, d. h. ich ließ sie im Brutofen schlüpfen. Nicht nur das Gesicht spielt dabei eine Rolle, sondern auch das Gehör; auch dies lehrte mich eine trübe Erfahrung: ein Trappen-Ei wurde mit großer Hingabe trotz seiner Größe und seines in der Farbe von dem Hühner-Ei stark abweichenden Aussehens von einer Glucke unentwegt bebrütet. Als das Junge aber während des Durchbohrens der Schale nicht nach Hühnerart wisperte, sondern nach Trappenart ein gezogenes Pfeifen hören ließ, wurde es durch die Schale hindurch mit Schnabelhieben ums Leben gebracht. Bei Haushühnern kann man sagen, daß die der Wildform näherstehenden Rassen, wie Kämpfer und Phönix, nicht so triebverbummelt sind wie unsere schweren asiatischen Rassen, also namentlich Brahmas und Kochins, denen man, wie ich immer scherzweise sage, Kartoffeln unterlegen und sie dann junge Frettchen führen lassen kann. Vielen Nestflüchtern scheint angeboren zu sein, wie die aus den von ihnen gelegten Eiern ausschlüpfenden Jungen aussehen und sich hören lassen müssen. Stimmt dies im Gehirn artlich verankerte Bild nicht, so werden die Fremdlinge entweder als Nestfeinde betrachtet und getötet, oder aber ganz gleichgültig behandelt. Das letztere erlebte ich mit einer wilden Stockente. Sie brütete auf einer Insel, und ich vertauschte ihre Eier mit denen einer Brautente, weil ich diese Art ansiedeln wollte. Am Schlüpftage beobachtete ich nun mit dem Fernglase, daß die Ente auf dem Neste saß, während einzelne Brautentchen piepend auf dem Teich umherirrten, und fand bei näherem Zusehen, daß die Entenmutter auf den leeren Eierschalen weiterbrütete. Sie hatte also die den jungen Stockenten recht ähnlichen, aber doch nicht ganz gleichen Brautentchen überhaupt nicht berücksichtigt, d. h. ihr Führtrieb war durch sie nicht ausgelöst worden. Ein befreundeter feinster

Kenner solcher Dinge legte einer brütenden Goldfasanhenne ein oder zwei Jagdfasaneier unter, und als nun am gleichen Tage die Köpfchen der frisch dem Ei entschlüpften Küken unter ihrem Brustgefieder erschienen, huderte sie zunächst wie eine echte, rechte, besorgte Fasanmutter, wurde aber plötzlich auf einen etwas anders gezeichneten Oberkopf, nämlich den eines Jagdfasankükens, aufmerksam, stutzte und schickte sich an, ihn zu hacken. Die Sache wurde aber nicht ernstlich, da andererseits doch wieder ihre Mutterliebe durch das im übrigen ihren eigenen Kindern ähnliche Ding eingriff. Dies wiederholte sich noch etliche Male, bis das Stiefkind endlich dauernd geduldet wurde.

Nesthocker, die fremde Eier angenommen haben, füttern auch die daraus hervorkommenden Jungen gut auf, man kann also ruhig Singdrosseleier von Amseln ausbrüten und die Jungen auffüttern lassen; dasselbe gilt für Sperber und Bussard und wahrscheinlich noch für viele andere.

Sehr bald, in den ersten Tagen schon, lernen die meisten Nestflüchterküken ihre Eltern von fremden Artgenossen unterscheiden; sie kennen sich auch unter sich und eine Stockentenmutter z. B. ihre Kinder unter vielen anderen heraus; ein fremdes Stockentchen wird von so einer zusammengehörigen Gruppe überfallen, verjagt und womöglich getötet. Umgekehrt füttert ein Amselpaar, dessen frisch ausgeflogene Junge sich im Brutgebiete umhertreiben, auch fremde Jungamseln, die da hineingeraten, wie man sich an beringten Stücken überzeugen kann.

Bei Haustaubenpaaren kann man ohne weiteres in der ersten Zeit die eigenen Jungen gegen fremde Taubenkinder vertauschen, wenn sie im Alter nicht zu verschieden von ihnen sind. Das mag darin seinen Grund haben, daß es in so einer Taubennistzelle gewöhnlich ziemlich dunkel ist, so daß die Alten in der ersten Zeit überhaupt keine genaue Gesichtsvorstellung von ihren Kindern haben und nur triebhaft ihre Kropfmilch in die in ihren Schnabelspalt eindringenden Schnäbel der Jungvögel verfüttern. Ausgeflogene, aber noch unselbständige Tauben betteln öfters auch fremde Schlaggenossen an, werden von Täubinnen dann gewöhnlich weggebissen, aber gelegentlich von Taubern, und zwar häufig von ganz bestimmten, die gerade in Fütterstimmung sind, geatzt. Überhaupt überkommt in der Zeit, wenn die Eier geschlüpft zu sein pflegen, viele alte Vögel, insbesondere Männchen, ein Trieb, Nahrung herbeizuholen und abzugeben. Man kann dies an einzelnen gekäfigten alten Singdrosselmännchen und Rotkehlchen erleben und ist als Anfänger ganz erstaunt, daß der auf Mehlwürmer doch so gierige Pflegling, nachdem im Frühling seine Hauptgesangszeit vorüber ist, sie zwar nimmt und tötet, aber damit unter Ausstoßen eigentümlicher Nesttöne unruhig umherhüpft und sie einem wiedergeben will oder in klaffende Ritzen zu stecken versucht. Natürlich weiß das Tier nicht, daß es Junge auffüttern will, d. h. daß sie Nahrung brauchen, denn es hat ja nie solche gehabt, kennt es nicht aus Erinnerung, und niemand hat es ihm gezeigt. Es gibt da ein schönes Beispiel: Ein Liebhaber hatte eine zahme Dohle und setzte zu ihr im Sommer eine unselbständige, sperrend futterheischende junge Saatkrähe. Bald ging die Dohle an den Futternapf und stopfte dem neuen Käfiggenossen den Schlund voll Fleisch; das wiederholte sie immer, wenn die Saatkrähe sperrte. Das artfremde Stiefkind gedieh dabei natürlich gut, wurde selbständig und begann, selbst Futter aufzupicken. Nunmehr verstand die Dohle keinen Spaß und hackte futterneidisch auf die Saatkrähe ein. Man sieht, das Füttern hatte der Dohle als Befriedigung eines Triebes Spaß gemacht, aber jetzt war der Spaß vorbei und damit die „rührende" Fürsorge auch.

7. Wer füttert und führt die Jungen?

Ich muß auch diesen Abschnitt, wie die meisten, mit „das ist sehr verschieden" oder „es geht so und auch anders" anfangen. Entweder kümmern sich die Eltern überhaupt nicht um die frisch geschlüpfte Nachzucht, wie bei den australisch-papuanischen Großfußhühnern, von denen das sogenannte Buschtruthuhn oder der Talegalla (Abb. 13a, S. 11) auch häufig in Zoologischen Gärten oder in Vogelparks gezüchtet worden ist. Viele sonstige Nestflüchter kommen so entwickelt zur Welt, daß die Eltern die Jungen wohl führen, um ihre Sicherheit bedacht sind und sie verteidigen, aber ihren Kindern die Futtersuche von Anfang an selbst überlassen; dazu gehören namentlich

die meisten Entenvögel. Brütet man z. B. die einer Baumhöhle
entnommenen Schellenten-Eier zu Hause aus und setzt die
Jungen, nachdem sie trocken geworden sind, in eine mit Wasser
gefüllte Badewanne, so tauchen sie unter, suchen den Grund ab
und ergreifen den untergesunkenen Mehlwurm. Die Mutterente kümmert sich nicht im geringsten um die Fütterung der
Jungen, und der Vater erst recht nicht, denn er ist gar nicht

Abb. 25. Emuhahn (Dromaius) fuhrt seine Jungen.

dabei. Leider bezeichnet der gefühlswertende Laie und der
übliche Zeitungsschreiber ein solches Verhalten als unmütterlich
und lieblos, bedenkt aber nicht, daß in dem Gehirn des Alt-
vogels eine Fütterungstriebhandlung deshalb nicht vorgesehen
ist, weil die wenige Stunden alten Jungen alles, was mit Fressen
zusammenhängt, gleich selbst können. Hühner, Kraniche,
Trappen, Rallen und viele andere Nestflüchter halten den Kindern
die aufgefundenen Heuschrecken oder den Käfer vor, was dann
schon nach wenigen Tagen nicht mehr nötig ist, da die Kleinen
selbst zu picken und Genießbares von Ungenießbarem zu unterscheiden vermögen; bei Kranichen und Rallen machen dies
beide Eltern, beim Haushuhn tut es gewöhnlich nur die Mutter.
Wie schon angedeutet, können nestflüchtende Vogelarten sowohl ehig wie unehig leben, so daß die Jugendfürsorge entweder
gemeinsam oder nur von der Mutter oder ausschließlich vom
Vater besorgt wird, wie es beispielsweise beim Emu der Fall ist

36

(s. Abb. 25). Bei Nesthockern ist Ehigkeit, und zwar fast immer Einehigkeit, die Regel, denn die Nahrung wird ja nicht von den Jungen gesucht, sondern von den Eltern herbeigebracht, und dazu gehören eben zwei. Das kann nun so sein, daß Vater und Mutter abwechselnd auf Nahrung ausfliegen und sie nach der Nestablösung verfüttern, oder daß, wie im äußersten Falle bei gewissen Greifvögeln, sich das Weibchen vom ersten Ei ab bis zum Ausfliegen der Jungen auf und am Neste aufhalt und ausschließlich dem Männchen die Aufgabe zufällt, monatelang Beute herbeizubringen. Dazwischen gibt es allerlei Mittelstufen: Wer einmal ein Amselnest beobachtet hat, wird merken, daß fast nur das Weibchen brütet und die noch nackten Jungen bedeckt. Auf noch unerklärte Weise merkt der Mann, daß die Kinder ausgeschlüpft sind, und er bringt nun, ab- und zufliegend, den Schnabel voll Regenwurmstücke (s. Abb. 26), die er seiner Gattin übergibt. Sie aber steckt sie, sich aufrichtend, den sperrenden Jungen in den Schlund. Werden sie etwas größer, so beteiligt sich auch der Amselhahn am Verfüttern, und etwa nach

einer Woche werden die sich schon deutlich befiedernden Nestamseln unbedeckt gelassen, so daß beide Eltern nun, unabhängig voneinander, die Atzung ausüben können. Da sich bei vielen Drosseln, Spechten usw. die Ehegatten nicht besonders gern leiden können und auch meist ein verschiedenes Jagdgebiet haben, so vermeiden sie es, sich am Neste zu treffen oder gar gemeinsam zu füttern, d. h. der eine fliegt weg, wenn er den

Abb. 26. Amselhahn bringt seiner Frau Regenwurmstucke zum Verfuttern an die kleinen Jungen.

anderen kommen sieht, oder der Ankommende wartet auf einem benachbarten Zweige, bis der Ehepartner seinen Fütterungstrieb gestillt hat. Dies ist nun durchaus nicht bei allen Kleinvögeln der Fall: so fliegt ein Hänflingspaar oft gemeinsam vom Neste im Busch aufs freie Feld, füllt sich den Kropf voll und verfüttert den Inhalt gleichzeitig an die sperrenden Jungen.

Die Arbeitsteilung bei der Verpflegung der Nestlinge ist bei Greifvögeln mehr oder weniger vollkommen, am ausgeprägtesten vielleicht beim Sperber, der daraufhin auch am genauesten untersucht worden ist. Schon die sehr verschiedene Größe der beiden Gatten — der Mann ist bisweilen nur halb so schwer wie die Frau (Abb. 27a u. b) — läßt darauf schließen,

Abb. 27a. Sperbermännchen   Abb. 27b. Sperberweibchen
beide in ¹/₅ nat. Größe.

daß es da anders zugeht als bei Geiern, Kormoranen und Störchen, wo man nicht viel Geschlechtsunterschied merkt. Bereits vom Beginn des Nestbaues ab enthält sich das Weibchen des Beuteschlagens; es ist immer am Nest und brütet dann dauernd; wahrscheinlich würde auch das kleine Männchen die Eier gar nicht genügend bedecken können. Bald setzt bei der Sperberfrau, die ja ihre Flügel nur wenig braucht, die Schwingen- und Schwanzmauser ein, der Mann aber erledigt die Mauser erst, wenn die Fortpflanzung vorbei ist; er muß ja immer hinter den versteckten und fluggewandten Kleinvögeln her sein, damit Frau und Kinder nicht zu kurz kommen. Einen Monat dauert es, bis

38

die 4 bis 5 Eier gezeitigt sind, und noch ebenso lange Zeit vergeht, bis sich die Kinder ins Freie wagen. Der Sperber wirft der Sperberin die Beute entweder aufs Nest oder ruft bei der Ankunft, so daß sie ihm entgegenfliegt und ihm beim Herankommen die Beute abnimmt. Nun können die kleinen Jungen der eigentlichen Greifvögel — die aus dem Kropfe fütternden Geier sind dabei ausgeschlossen — mit einem ganzen getöteten und von den Eltern gerupften Vogel zunächst nichts anfangen, sondern die Mutter reißt kleine Fleischstücke ab und hält sie ihnen vor. Erst wenn die Kinder Federn bekommen, versuchen sie mit mehr und mehr Erfolg, an einer unverletzten Beute herumzureißen, und es gelingt ihnen schließlich, sie schnabelgerecht zu zerkleinern und aufzufressen. In den ersten Tagen ist die Fütterung durchaus an die Mutter gebunden; nur sie versteht es, die Nahrung zu zerkleinern, und wenn sie abgeschossen wird oder verunglückt, so verhungern die niedlichen, weißbedaunten Sperberlein zwischen den von dem Vater herbeigebrachten Beutetieren. Dazu kommt noch, daß sie unbedeckt bei kühler Witterung rasch verklammen oder auch bei Regen der Nässe erliegen. Daß in dem Männchen der Zerlegungstrieb, der in der Regel nicht in Erscheinung tritt, doch im Keime schlummert, geht aus einer neuerdings gemachten Beobachtung hervor. Von einer etwa eine Woche alten Sperberbrut wurde das Weibchen abgeschossen, und die Jungen schienen dem Tode geweiht. Der Vater trug Futter zu, und die Jungen konnten damit nichts anfangen. Da wollte es ein glückliches Geschick, daß es 2 Tage und 2 Nächte lang warm blieb und nicht regnete; die Kinder wurden matter und matter und vermochten sich kaum noch aufzurichten. Da hatte der schlummernde Fütterungstrieb des Männchens Zeit, sich zu entwickeln, und es zupfte nun wirklich Fleischstückchen ab und schob sie seinen Kindern in den Schnabel. Sie erholten sich rasch zusehends, und damit war die Brut gerettet und kam zum Ausfliegen. Dieses Verhalten erinnert bis zu einem gewissen Grade an den bereits erwähnten Schopfwachtelhahn, der zwar für gewöhnlich nicht brütet, es aber sofort tat, als die Henne starb und weggenommen wurde. Wir werden später sehen, daß in geschlechtlichen Dingen die Verhältnisse ähnlich liegen.

8. Hängt die Brutdauer von der Größe des Vogels ab?

Im allgemeinen ja, im einzelnen oft nicht. Manche Vogelgruppen haben trotz geringer Körpergröße einzelner Arten sehr lange Brutdauern, und das Umgekehrte kommt auch vor. Ganz im allgemeinen kann man sagen, daß kleine Arten ein und derselben Gruppe eine kürzere Brutdauer haben als große. So braucht das Ei einer großen Papageienart ungefähr einen Monat, das einer kleinen nur 18 Tage, bis es schlüpft, und bei den Greifvögeln ist es ähnlich, denn die größten Geier brüten 7 bis 8 Wochen und die kleinsten Falken nur 4. Merkwürdig dagegen mutet es an, daß die Brutdauer der größten Gänsearten mit etwa 4 kg Körpergewicht ebensolange währt wie die der kleinsten australischen Mähnengans von etwa 1 kg; bei beiden schlüpfen die Jungen nach 28 Tagen. Der Entwicklungszustand, in dem die Jungen aus dem Ei kommen, also ob als ganz unentwickelte, blinde und nackte Nesthocker oder als von Anfang an bewegliche und selbständige Nestflüchter, hat ganz im allgemeinen

Abb. 28 a. Der in gesicherter Baumhohle aufwachsende Kleiber ist mit 13 Tagen noch ein hilfloses Wesen (Endgewicht 24 g). $^{1}/_{2}$ nat. Gr.

einen gewissen Einfluß; denn die kurzbrütigsten Vögel sind mit etwa $1^{1}/_{2}$ Wochen die kleinen, nesthockenden Singvögel, und der fast langbrütigste der nestflüchtende Emu und der Kasuar mit beinahe 8 Wochen, beides Formen, die von Anfang an dicht bedaunt dem Vater, der ja bei diesen Arten allein die Brutpflege übernimmt, nachlaufen. Das sieht alles sehr einleuchtend aus, aber leider gibt es auch hier erstaunliche Ausnahmen. So legen alle Sturmvögel, vom Albatros mit ungefähr 8 kg angefangen bis zu den kleinen schwarzen Sturmschwalben herunter, die die Größe des Mauerseglers mit 40 bis 50 g nicht überschreiten, nur ein einziges Ei, auf dem die großen Arten ungefähr 9 und die kleinsten über 5 Wochen brüten; man halte sich dabei vor Augen, daß ein solches Sturmschwalbenei nur etwa 7 g und das des uber 20 kg wiegenden amerikanischen Straußes, des Nandus, 575 g schwer ist und beide die gleiche Brutdauer haben. Dabei kommt aus dem kleinen Ei ein ganz unentwickelter, viele Wochen lang von den Eltern zu fütternder Nesthocker und aus dem großen ein behendes, nestflüchtendes Straußküken.

Bei all diesen verwirrenden Tatsachen möchte ich besondere Anpassungen durch Zuchtwahl nicht außer acht lassen. Sehr lange Brutdauer, der auch gewöhnlich eine langsame Weiterentwicklung der Jungen entspricht, ist wohl als etwas Ursprüngliches aufzufassen; solche Tiere können sich eine langsame Zellteilung leisten. Dies ist der Fall bei all den Formen, die vor Feinden und Witterungseinflüssen geschützt brüten, also bei vielen Höhlen- und Inselbrütern. Wo aber die Brut von allerlei Gefahren umlauert ist, muß die Entwicklung im Ei und nach dem Ausschlüpfen möglichst abgekürzt werden, so daß der Jungvogel recht bald von seinen Sinnen und Gliedmaßen vollendeten Gebrauch

Abb. 28 b. Das gefahrdet im offenen Nest erbrütete Amselkind verläßt dieses, bereits befiedert, mit 13 Tagen (Endgewicht 100 g). $^{1}/_{2}$ nat. Gr.

machen kann (vgl. Abb. 28 a und b). Nur so ist es zu erklären, daß der im raubtierwimmelnden Afrika brütende zweizehige Strauß auf seinen $1^{1}/_{2}$-kg-Eiern nur 6 Wochen und der im raubtierarmen Australien hausende, viel kleinere Emu und Kasuar auf seinem 600-g-Ei gegen 8 Wochen sitzt.

9. Hängt die Eigröße von der Größe des Vogels ab?

Ganz allgemein gesagt legt ein größerer, d. h. schwererer Vogel — auf lange Beine, Hälse und Flügel, die den Vogel scheinbar groß machen, kommt es dabei natürlich nicht an — im Verhältnis zu seinem Körpergewicht kleinere Eier als ein kleiner Vogel; so beträgt beim afrikanischen Strauß das Eigewicht $^1/_{60}$ der Schwere der Mutter und bei einem kleinen Kolibri ungefähr $^1/_8$. Merkwürdigerweise ist der Laie gewöhnlich erstaunt, wenn man sagt, daß der Strauß ein Ei legt, das ungefähr 25 Hühnereiern entspricht. Er überlegt sich dabei nicht, daß ein Strauß viel, viel schwerer ist als 25 mittelgroße Haushühner, bei denen die Verhältniszahl etwa $^1/_{25}$ beträgt. Die Eigröße wird in vielen Fällen durch die Anzahl der Eier eines Geleges beeinflußt, die ja meist in ein- bis zweitägigen Abständen erzeugt werden, so daß eine Rebhenne von 375 g, die 15 und mehr Eier ablegt, nur recht kleine Eier hat, die je $^1/_{30}$ ihres Körpergewichts betragen; ihr gesamtes Gelege wiegt zusammen ungefähr die Hälfte von ihr selbst. Das ist sehr einleuchtend und kann zu dem Glauben führen, das müsse immer so sein; sehen wir aber in das Nest einer nur 500 g wiegenden Mandarin-Ente, so erblicken wir bis 13 hühnereigroße 50-g-Eier, die in 13 Tagen abgelegt worden sind und zusammen $^6/_5$ des Gewichts der alten Ente betragen; hier hat also die große Anzahl der Eier keinen vermindernden Einfluß auf das Eigewicht. Ebenso erstaunlich ist es, daß unser heimischer Flußuferläufer mit 45 g 4 Tage lang je ein Ei von 13,3 g ins Nest legt, so daß das ganze Gelege von 4 Eiern gut dem Gewichte seiner Erzeugerin entspricht. Das ist eine geradezu erstaunliche Leistung. Ähnliches trifft auch für die verwandten kleineren Schnepfen- und Regenpfeiferarten zu. Ein Kiwi wiegt schätzungsweise 2 kg und sein einziges Ei $^1/_5$ davon. Der ebenso große Schlangenadler legt auch ein einziges Ei, das aber nur 135 g schwer ist, also $^1/_{14}$ der Mutter entspricht; allerdings handelt es sich in dem letzten Falle um einen Nesthocker, der sehr unentwickelt zur Welt kommt, während die anderen hier aufgeführten Arten sämtlich hochentwickelte nestflüchtende Küken aufweisen. Nun ist nicht gesagt, daß Nesthocker immer viel kleinere Eier legen müssen als Nestflüchter; denn der hilflos zur Welt kommende Eisturmvogel, der erwachsen gegen 700 g wiegt, hat ein Ei von über 100 g, während das Ei des über $1^1/_4$ Kilo schweren Kolkraben nur 30 g aufweist. Es beträgt also nur $^1/_{45}$ des mütterlichen Gewichts. Wie sich der nestschmarotzende Kuckuck in seiner Eigröße an die Pflegeeltern anpaßt, werden wir später sehen.

10. Vögel, die in fremde Nester legen

Hier in Europa ist der Kuckuck der einzige Vogel, der sein Ei anderen Vögeln anvertraut, und daher ist das Kuckucksei sprichwörtlich geworden. Ein Kuckuck wiegt ungefähr 100 bis 130 g, also soviel wie eine Amsel, legt aber nicht wie diese gewöhnlich ein 7—8 g, sondern ein nur 3,3 g schweres Ei, das nicht größer ist als das des Haussperlings von 30 g. Die Brutdauer beträgt $12^1/_4$ Tage und ist meist etwas geringer als die der Pflegeeltern, so daß der junge Kuckuck entweder vor oder zum mindesten mit seinen Pflegegeschwistern zugleich ausschlüpft. Der Kuckuck ist also mit seiner Fortpflanzung nicht auf gleich große, sondern auf kleinere Singvögel angepaßt, die ihre Jungen mit Insekten auffüttern.

So viel steht fest, daß das Kuckucksweibchen die für seine Brutpflege in Betracht kommenden Kleinvögel beim Nestbau beobachtet und nur durch ein frisch errichtetes Nest zum Legen angeregt wird, nicht aber durch ein solches, das schon die volle Eizahl enthält. Das ist natürlich äußerst zweckmäßig, denn würde das frische Kuckucksei einem bereits bebrüteten Gelege beigegeben, so schlüpfte ja der junge Kuckuck aus, wenn seine Stiefgeschwister schon so groß sind, daß sie ihn erdrücken oder sich zum mindesten nicht mehr von ihm hinauswerfen lassen würden. Gerade dies scheint das Wichtigste in der Fortpflanzungsgeschichte des Kuckucks zu sein. Im allgemeinen entspricht die Eifarbe sowohl im Grundton als auch in ihrer verwaschenen Fleckung dem Durchschnitte der in Frage kommenden Singvogeleier, jedoch gibt es auch rein blaue, die man dann bei den ebenso gefärbten des Gartenrotschwanzes findet; es ist wohl sicher, daß die Kuckuckseier, die wirklich erbrütet werden, bis auf ganz bestimmte Ausnahmen (z. B. Heckenbraunelle) nie sehr abweichend von denen der Pflegeeltern sind, und in Gegenden, wo nur eine bestimmte Vogelart in Betracht kommt, ist die Anpassung erstaunlich; so im Norden, wo der Kuckuck meist Nestschmarotzer des Bergfinken ist, und im Nordosten, wo fast immer der Gartenrotschwanz Pflegestatt annehmen muß. Bei uns, wo man den Kuckuck bei den verschiedensten Wirtsvögeln antrifft, sehen die Kuckuckseier auch recht verschieden aus. Für ganz bestimmte Arten gibt es keine Anpassung, so beim Zaunkönig, den Laubsängern und der Braunelle; offenbar sind die ersten beiden nicht imstande, ein ihnen auffallendes Ei mit ihren schwachen Schnäbeln aus den tiefen Nestmulden zu entfernen. Man hat in neuerer Zeit vielfach Versuche gemacht, wieweit z. B. Grasmücken und Würger, die bevorzugten Pflegeeltern junger Kuckucke, fremde Eier annehmen, und dabei gefunden, daß sie Unähnlichkeiten wohl merken, wenn sie groß genug sind, jedoch unterscheidet der Mensch in solchen Fällen stets schärfer als der Vogel. Die meisten Kleinvögel scheinen ihnen auffallende Eier aus ihrem Nest zu entfernen oder auch das ganze Gelege zu verlassen, wenn es stark verändert wirkt. Dabei ergibt sich, daß die einzelne Singvogelart nicht etwa ihre Eier kennt: so vertauschte ein Forscher das angefangene Gelege einer Gartengrasmücke mit dem der Klappergrasmücke; als nun die Gartengrasmücke ihr letztes Ei hinzugefügt hatte, warf sie dieses hinaus und bebrütete die fremden Eier. Sie hatte also ihr Ei für den Fremdkörper gehalten, weil es sich von den übrigen durch Größe und Färbung abhob. In den Nestern bestimmter Vogelarten, die wohl als Kuckucksstiefeltern geeignet wären, findet man so gut wie nie ein Kuckucksei. Vielleicht werden sie auch gelegentlich von einem Kuckucksweibchen bedacht, aber das Ei wird nicht angenommen. Ich legte selbst einem Gelbspötterpaar ein Kuckucksei unter: nach der durch die Störung hervorgerufenen Aufregung setzte sich einer der Elternvögel hastig wieder auf das Gelege, aber späterhin war das Kuckucksei verschwunden, während die eigenen Eier bebrütet wurden. Da es wohl sicher ist, daß jeder weibliche Kuckuck immer nur Eier

einer bestimmten Färbungsweise legt und ganz bestimmte Pflegeeltern bevorzugt, nämlich die der Art, bei der er selbst groß geworden ist, so kann man wohl von einer Zuchtwahl auf Ei-
ähnlichkeit sprechen. Die von der Dorngrasmücke aufgezogene
Kuckuckin ist ja der lebendige Beweis dafür, daß das Ei, aus
dem sie schlüpfte, von Dorngrasmücken angenommen worden
war, und da kommt die Vermutung, daß ihre Eier denen ihrer
Mutter ähnlich sein werden. Somit wäre eine sichere Unter-
bringung bei Dorngrasmücken ziemlich gewährleistet. Allerdings muß man dabei voraussetzen, daß die Eifarbe durch
die Mutter und nicht durch den Vater vererbt wird. Ausländische Schmarotzerkuckucke verhalten sich meist insofern
anders, als sie sich nur bei ein oder zwei ganz bestimmten Vogelarten zu Gaste bitten, auf die dann ihre Eier in Größe und Farbe
auf das genaueste abgestimmt sind. Manche von Kuckucken
gefährdeten Singvögel scheinen sich allmählich ein Unterscheidungsvermögen für ihre Eier erworben zu haben, denn das ist
für sie arterhaltend; Vogelformen, die an dem Kuckucksei
keinen Anstoß nehmen, wie oft der Teichrohrsänger, sind auf
kleineren Gebieten durch Kuckucke nachweislich sehr bedroht,
weil sie jedes Jahr einen Kuckuck statt ihrer Jungen aufziehen.
Andere Vogelarten haben diese Kenntnis nicht nötig; sie sind
durch Nestschmarotzer nicht gefährdet und brauchen daher ein
Unterscheidungsvermögen der Eier nicht zu entwickeln. Greif-,
Enten-, Hühner-, Stelzvögel sowie Tauben und andere nehmen
ja, wie wir schon gesehen haben, runde Steine, Flaschen u. dgl.
als Ei-Ersatz an.

Beim Einschmuggeln seines Eies, sei es mit Hilfe des Schnabels
oder durch unmittelbares Ablegen in das fremde Nest, entfernt
das Kuckucksweibchen anscheinend regelmäßig ein Wirtsei.

Im Gegensatz zu dem gewöhnlichen Kuckuck legt der etwas
größere südliche Häherkuckuck ein unverhältnismäßig großes
Ei, und zwar in die Nester der Nebelkrähe und einer Elster.
Er selbst wiegt etwa 135 g, und sein Ei steht mit 12 g ungefähr
in der Mitte der Schwere des Nebelkrähen- und Elstereies von
17 und 10 g; hier werden auch häufig mehrere Eier einem und
demselben Nest anvertraut, und die jungen Häherkuckucke
wachsen gemeinsam mit den kleinen Rabenvögeln heran, da es

ja den großen Pflegeeltern nicht darauf ankommt, ob sie ein oder zwei Kinder mehr aufziehen.

Nicht nur bestimmte Kuckucke, sondern auch ganz andere Vögel bauen kein eigenes Nest und schieben ihre Eier anderen Vögeln unter. Dazu gehören der afrikanische Honiganzeiger, die zu den Stärlingen gehörenden amerikanischen Kuhvögel sowie zum mindesten eine Anzahl der afrikanischen Witwen, die eigentlich Weber sind, und auch eine südamerikanische Ente, die neben anderen Gattungsverwandten zur Ablage ihrer Eier besonders den Horst eines Greifvogels bevorzugt; allerdings laufen die Küken dann sofort nach dem Schlüpfen davon und schließen sich einer Entenfamilie an. In all diesen Vogelgruppen scheint der junge Nestschmarotzer die Eischale eher zu sprengen als seine Stiefgeschwister, und meist ist da, wo der Fremdling mit diesen aufgezogen wird, eine Anpassung in der Zeichnung der Sperr-Rachen und der Körperoberseite bemerkbar.

Abb. 29. Der junge Kuckuck wirft ein Ei seiner Pflegeeltern aus dem Nest.

Für die südamerikanische Ente gilt dies natürlich nicht, denn anscheinend sind weder die führende Stiefmutter noch die Stiefgeschwister auf die Abwehr des Schmarotzerkükens eingerichtet.

Da unser europäischer Kuckuck auf kleine und kleinste Vögel angepaßt ist, so müssen die rechtmäßigen Nestjungen natürlich beseitigt werden, denn ein Zaunkönigpaar kann unmöglich einen Kuckuck zugleich mit seinen eigenen 6 Jungen auffüttern. Das hat nun zu einer merkwürdigen Triebhandlung geführt, die uns zwar sehr grausam erscheint, aber für den Kuckuck durchaus arterhaltend ist.

In dem völlig nackten und blinden Kuckuckskind erwacht nach einigen Stunden der Trieb, alles im Neste Befindliche, also Eier oder Jungvögel, hinauszuwerfen. Es schiebt sich seitlich und rückwärts unter seine Stiefgeschwister oder die noch vorhandenen Eier, nimmt sie auf seinen breiten,

etwas ausgehöhlten Rucken zwischen die hochgestreckten arm-
artigen Flügelchen, die im Gegensatz zu anderen neugeborenen
Kleinvögeln sehr kräftig und beweglich sind, und klettert nun
mit seiner Bürde rücklings an der Wand der Nestmulde empor;
dabei werden der Vorderkopf und die Stirn zum Stützen benutzt,
wie man dies auf der beigegebenen, nach dem Leben ausgeführten
Zeichnung (Abb. 29) sehen kann. Der kleine, blinde Lastträger
befördert den Fremdkörper bis auf den äußeren Nestrand, muß
im letzten Augenblicke sehr bedacht sein, nicht selbst über Bord
zu fallen, und arbeitet sich dann mit Kraft und Geschick wieder
in die Nestmulde zurück, um sein Werk nötigenfalls von neuem
zu beginnen. Ich habe diesen Vorgang auch im Film festgehalten,
denn man braucht ja nur einem mit dem Nest ins Zimmer ge-
nommenen jungen Kuckucke junge Singvögel oder Eier bei-
zugeben, um sich sofort von der Kuckucksleistung überzeugen zu
können. Das Abspielen eines solchen Films wirkt auf die Beschauer sehr packend; sie bedauern in ihrem menschlichen
Gerechtigkeitsgefühle natürlich immer nur die rechtmäßigen
Nestinsassen, statt sich in die feinen, geradezu unerklärlichen
Triebhandlungen des Kuckucks zu vertiefen. Mit ungefähr
4 Tagen verschwindet der Trieb des Hinauswerfens, dann ist er
auch nicht mehr nötig, weil bis dahin unter natürlichen Verhältnissen alles aus dem Nest entfernt ist, was nach Ansicht des untergeschobenen Kindes nicht hineingehört. Daß die letzte Hälfte des
vorigen Satzes scherzhaft gemeint war, ist wohl heute für jeden
Leser selbstverständlich. Nicht so war es früher, wo man zu
glauben pflegte, daß alle Handlungen eines Tieres bewußt ausgeführt würden; man hat sich merkwürdigerweise nie die leichte
Mühe gemacht, einen ganz jungen Kuckuck zu beobachten und
Versuche mit ihm zu machen, so daß man die eben beschriebenen
Vorgänge für unmöglich hielt, was man mit folgenden Worten
begründete: „Daß er es aber vorsätzlich tue, und zwar in den
ersten 2—3 Tagen seines Lebens, ist gar nicht wahrscheinlich;
unmöglich kann ein so junges, unbehilfliches Geschöpf mit so viel
Überlegung, Eigenwillen und Selbstsucht handeln, wie hierzu
gehören möchte." Mit demselben Rechte könnte man auch die
Möglichkeit, daß ein Säugling Milch verdaut, bestreiten, da er
doch unmöglich wissen kann, daß dazu ein Labferment, Pepsin

und Salzsäure abgesondert werden müssen. Von einem allmählichen Herausdrängen der Nestgeschwister durch das Heranwachsen des ihnen gegenüber gewaltigen Kuckucks ist gar keine Rede, und dennoch findet man diesen Unsinn immer wieder in neuzeitlichen Tiergeschichten.

Ich suchte mir zum Zwecke der Bildskizze und des Films ein Gartengrasmückennest mit einem Kuckucksei und ging 2 Tage nach dem Ausschlüpfen wieder hin. Da fand ich 2 junge, vielleicht 12 Stunden tote, 4 und 5 g schwere, also wohl zweitägige Grasmücken oben auf dem Nestrande liegen; dazwischen huderte eine alte Grasmücke den kleinen Gauch. Diese Tatsache, daß einer der beiden Eltern zwischen seinen 2 Kinderleichen ruhig das untergeschobene Stiefkind wärmte, ist einer der schlagendsten Beweise, wie unbewußt der Fortpflanzungstrieb eines solchen Vogelpaares arbeitet. Die meisten würden es für selbstverständlich halten, daß die Grasmücke ihre auf den Nestrand beförderten Jungen schleunigst wieder unter sich schiebt und den ungebetenen Gast entweder hinauswirft oder zum mindesten tothackt, was sie ja ohne weiteres könnte. In Wirklichkeit sind die verklammenden, einem qualvollen Tode preisgegebenen jungen Grasmücken für die Alten einfach nicht mehr da, denn der Trieb, kleine Kinder zu wärmen und zu füttern, wird durch den im Neste sitzenden Stiefvogel vollauf befriedigt.

Der junge Kuckuck weicht während seiner etwa dreiwöchigen Nestzeit von den meisten anderen Nestlingen sehr auffallend dadurch ab, daß er fast nur den Kopf bewegt, also nicht viel mit Füßen und Flügeln zappelt. Das hat wohl seinen Grund darin, daß namentlich die locker gebauten Grasmückennester aus dem Leime gehen und herunterfallen würden, wenn sich der schwere Insasse viel darin bewegte.

Nun noch ein Wort über den „Betrug", dem die „armen geplagten" Stiefeltern zum Opfer fallen, die das „unersättliche" Kuckuckskind großfüttern „müssen". Erstens einmal wissen sie, wie aus dem vorhin besprochenen Grasmückenbeispiel hervorgeht offenbar gar nicht, daß sie eigentlich die eigenen Jungen großziehen wollen, und zweitens verbraucht der wachsende Kuckuck nicht mehr als z. B. 6 Bachstelzen, die mit ihrer viel größeren Körperoberfläche, also auch höheren Wärmeabgabe, und bei

ihrer Regsamkeit sicherlich einen lebhafteren Stoffwechsel haben.
Sitzen die flüggen Sperrjungen dann überall umher, so müssen
sie von den Eltern einzeln aufgesucht werden, um ihre Nahrung
zu erhalten. Alles dies fällt bei dem Stiefkinde weg, das Stelzen-
paar hat es also sogar mit ihm bequemer und leichter als mit der
eigenen, vielköpfigen Brut. Man hat die Empfindung, als würde der
Fütterungstrieb der Sperlingsvögel durch den jungen Kuckuck
fast noch besser ausgelöst als durch die artgleichen Kinder, ja
sie sind geradezu vernarrt darauf, ein solches Geschöpf zu
füttern, und wenn ihnen die Befriedigung dieses Triebes keine
Annehmlichkeit wäre, also gewissermaßen keinen Spaß machte, so
würden sie es ja nicht großziehen, denn keine Sittenlehre und kein
Gesetzbuch zwingt sie dazu. Man kann damit rechnen, daß ein ins
Vogelzimmer gebrachter eben flügger Kuckuck sogar von solchen

Abb. 30. Grauer Fliegenschnapper futtert im Fluge
einen jungen Kuckuck.

Vögeln mit Futter bedacht wird, die selbst erst kaum recht fressen
können: junge Fliegenschnäpper bewiesen mir dies, so daß ich sie
schließlich entfernen mußte, damit sich der bettelnde Geselle
nicht an sie, statt an mich gewöhnte. Kleinvögel fliegen dem
flüggen, sperrenden Kuckuck, weil sie nicht an ihm heraufreichen
können, häufig auf den Kopf oder rütteln vor ihm, damit das
Futter richtig in den Schnabel kommt (Abb. 30).

11. Vogelmischlinge und -zwitter

Wohl die meisten Leser wissen, daß viele Liebhaber Kanarien-
mischlinge züchten, indem sie gewöhnlich einen Zeisig- oder

Stieglitzhahn mit einem Kanarienweibchen verpaaren. Das ergibt, wenn der Vater ein Zeisig war, gewöhnlich ziemlich unscheinbare, grünliche Kinder, beim Stieglitz jedoch buntere, weil sich das Rot des Stieglitzes häufig als Gesichtszeichnung bemerkbar macht und auch das sonstige bunte Farbenmuster wenigstens andeutungsweise auf dem Gelb des Kanarienvogels in Erscheinung tritt, vorausgesetzt, daß die Mutter, also die Kanarienhenne, nicht die graugrüne Wildfarbe der Stammform aufwies, sondern möglichst einheitlich gelb gefärbt war. Diese Mischlinge sind, wenigstens im weiblichen Geschlecht, größtenteils unfruchtbar, während die Kreuzung mit dem dem Kanarienvogel viel näher verwandten Girlitz fortpflanzungsfähige Kinder ergibt. Für gewöhnlich gilt der Satz, daß die Mischlinge von im System sehr nahestehenden Formen fruchtbar sind und solche, deren Eltern stammesgeschichtlich entfernter verwandt sind, sich unfruchtbar erweisen, wie das obige Beispiel zeigt. So pflanzen sich die Kreuzungen der Fasane im engsten Sinne wie Jagdfasan, mongolischer und chinesischer Ringfasan, kurz alle Phasianus-Arten untereinander unbegrenzt fort; dasselbe gilt für die Nachkommen der beiden Kragenfasan-Arten, also Gold- und Amherstfasan, und für die verschiedenen Breitschwanzfasane, von denen der Silber- und der Schwarzrückenfasan die bekanntesten sind. Man kann in engerer Gefangenschaft auch Kragenfasane mit den eigentlichen Fasanen (Phasianus) verpaaren, ja sogar Haushuhn-Fasan-Mischlinge erzielen, diese sind aber stets unfruchtbar. Selbst Nachkommen von Pfauhahn und Perlhuhn sowie Haushahn und Perlhenne und umgekehrt sind bekannt; sie betätigen sich geschlechtlich aber gar nicht, weil sie so gut wie keine Keimdrüsen ausbilden können. Auch leiden solche Tiere bisweilen an geistigen Störungen und sind stets sehr unscheinbar gefärbt. Man muß sich daran gewöhnen, daß so ein Bastard, grob ausgedrückt, nicht die Summe der elterlichen Eigenschaften, sondern eine Minderung beider ergibt: zum Prachtkleide des Pfaues und zu der schönen Fleckung des Perlhuhns gehören eben die Erbanlagen von 2 Pfauen oder von 2 Perlhühnern, und die Merkmale der beiden Stammformen überschneiden sich bei Mischlingen, wenn nur *ein* Pfau und *ein* Perlhuhn an ihrer Erzeugung beteiligt sind. Auch die Paarung des doch sehr auffallend gefärbten Stockerpels mit einer Brautente und umgekehrt ergibt nicht etwa besonders schöne Erpel, die das Zeichnungsmuster und die Schillerfarben beider Arten vor Augen führen, sondern solche Söhne sehen einfarbig schokoladebraun aus mit schwachem Glanz. Natürlich sind auch sie gänzlich unfruchtbar, denn Stock- und Brautente stehen sich stammesgeschichtlich recht fern. Züchtet man dagegen die eigentlichen Schwimm- oder Gründelentenarten untereinander, so sind die Nachkommen fruchtbar; dies gilt z. B. für die Kinder aus den Ehen von Stock- und Spießente sowie von Stock- und Fleckschnabelente. Merkwürdigerweise hat sich erwiesen, daß die Kreuzungsergebnisse von Löffler und Ibis, die sich zum mindesten äußerlich gar nicht so nahestehen, fruchtbar sind. Es gibt dann also dreiviertelblütige Ibisse oder Löffler, wenn man diese Kinder mit einer der Stammformen paart.

In manchen Vogelgruppen bilden sich durch langes Zusammenleben in Gefangenschaft oft sehr sonderbare Liebesverhältnisse heraus: so wurden Paarungen zwischen dem bunten australischen Gebirgslori, also einem Papagei, und einem blauen Sultanshuhn, also einer Ralle, beobachtet. Vielleicht war in diesem Falle das in der Gefiederfarbe vertretene Blau der auslösende Anreiz. Wenn sich aber eine südamerikanische Dampfschiffente (Tachyeres) in einen afrikanischen Glanzgansert (Sarcidiornis) verliebt, ihm auf Schritt und Tritt folgt und sich treten läßt, so findet man schwer eine Erklärung. Selbstverständlich sind Eier, wenn solche überhaupt abgelegt werden, dann stets entwicklungsunfähig.

Die aus der Kreuzung zwischen fernstehenden Arten hervorgegangenen Mischlinge sind überwiegend männlich; es ist jedoch nicht erwiesen, ob nur die Männchen im Ei zur vollen Ausbildung gekommen und die Weibchen vorher abgestorben sind oder ob überhaupt nur männliche Tiere angelegt werden. Dies alles sind nur einige Beispiele, die in zoologischen Gärten oder bei Liebhabern beobachtet wurden; sie bezeugen aber, daß gerade bei Vögeln, und zwar bei ganz bestimmten Gruppen, verhältnismäßig leicht Mischehen zu erzielen sind im Gegensatz zu Säugetieren, wo wahrscheinlich der Geruch eine große Rolle spielt. Bei den mehr zu einer Dauerehe neigenden Vögeln ist die persönliche

Bekanntschaft wichtiger als bei den meisten Säugern, wo keine männliche Brutpflege stattfindet.

Ganz im allgemeinen kann man zwar sagen, daß Vogelarten, die sich leicht miteinander paaren und deren Mischlingskinder fruchtbar sind, stammesgeschichtlich nahe verwandt und vielleicht nur geographische Vertreter ein und derselben Art sind, und umgekehrt solche Formen, die sich nur unter ganz bestimmten Verhältnissen, also namentlich in der Gefangenschaft beim Fehlen eines artgleichen Geschlechtspartners, begatten und deren Eier unfruchtbare Kinder ergeben, sich in der Entwicklungsreihe fernstehen; aber es gibt da immer auch Ausnahmen, wie schon das vorhin erwähnte Löffler-Ibis-Beispiel zeigt.

Die in der Freiheit bisweilen vorkommende Kreuzung von Auer- und Birkhuhn und umgekehrt wird Rackelhuhn genannt und galt als unfruchtbar. Bei einem Liebhaber in Schweden paarte sich ein dort von einem Birkhahn und einer Auerhenne erzeugter einjähriger Rackelhahn mit einer dreijährigen Auerhenne, die vier Eier legte. Von den vier erbrüteten Küken starben zwei sofort, die anderen, ein Paar, starben mit 55 Tagen an einem Mittel gegen Eingeweidewürmer.

Besonders auffallend erscheint es, daß es trotz gegenteiliger Literaturangaben keine sicher nachgewiesenen Mandarinentenmischlinge gibt. Die ostasiatische Mandarinente und die nordamerikanische Brautente sind sich im weiblichen Geschlecht sehr ähnlich, beide Arten sind höhlenbrütend, haben stimmlich eine gewisse Verwandtschaft, und die Männchen tragen bei beiden Arten hochentwickelte Prachtkleider (s. Abb. 18 u. 88, S. 17 u. 135). Man kann sie beide als Vertreter ein und derselben Entenform auffassen, die den übrigen Schwimmenten recht fernsteht. Hält man sie zusammen im Flugkäfig oder läßt man sie gemeinsam frei fliegen, so bilden sich fast immer Braut-Mandarin- und Mandarin-Brautentenpaare (der Artname des Männchens steht in der Mischlingsbezeichnung immer voran), die äußerst zärtlich miteinander sind, sich begatten, gemeinsam auf Nestsuche gehen, und das Weibchen legt seine volle Eizahl in einen hohlen Baum. Aus ihrem Verhalten kann man ohne weiteres schließen, daß sich Brauterpel und Mandarinente und umgekehrt für durchaus begehrenswert und ebenbürtig halten; leider sind sowohl die Brautenten- wie die Mandarinenteneier dann immer unbefruchtet, wie viele Versuche ergeben haben. Paart man Brautenten beiderlei Geschlechts unter Fernhaltung der eigenen Art mit Pfeif-, Stock-, Bahama- und Tafelenten, so ergeben die Eier Junge, die aber unfruchtbar bleiben. Mandarinenten dagegen, die man leicht mit kleinen Hausenten und sonstigen Entenvögeln paaren kann, erzeugen niemals Nachkommen, d. h. trotz wiederholter Begattungen sind die zahlreichen Eier einer dem Mandarinerpel beigegebenen Zwergente, also einer vom Menschen gezüchteten Stockentenrasse, immer unbefruchtet, ebenso wie die einer Mandarinente, die ausschließlich von einem fremdartigen anderen Erpel getreten wurde. Der Grund der Unfruchtbarkeit gerade der Mandarinente mit allen anderen Enten ist vorläufig nicht einzusehen, zumal gerade Entenarten untereinander, ebenso wie verschiedene Wildhühnervögel, verhältnismäßig leicht Mischlinge bilden.

Für Vögel und Insekten bezeichnend ist das Vorkommen von Halbseitenzwittern; diese haben dann eine männliche und eine weibliche Keimdrüse. Handelt es sich dabei um Singvögel oder um Spechte, bei denen die Geschlechter verschieden aussehen, so ist ein derartiger Zwittervogel auf der einen Seite männlich, auf der anderen weiblich gefärbt, was natürlich sehr merkwürdig aussieht. Ich besaß selbst einen solchen „hermaphroditischen" Gimpel, den der Beschauer manchmal für ein Männchen, manchmal für ein Weibchen hielt, wenn das Tier im Käfig hin und her sprang, denn die eine Brustseite war rot und die andere hellgrau mit bräunlichem Schimmer. Merkwürdigerweise scheint es diese in der Rechts- und Linksfärbung scharf geteilten Halbseitenzwitter bei anderen Vogelformen nicht zu geben, denn sonst würde man sie doch unter den Millionen der auf den Markt kommenden Wildenten und Fasanen sowie bei Haushühnern einmal gefunden haben. Es liegt nahe, zu glauben, daß bei einem Halbseitenzwitter immer die linke Seite weiblich gefärbt sein müsse, da beim Vogel doch immer nur der linke Eierstock ausgebildet ist; es hat sich aber ergeben, daß trotz des linksseitigen Eierstocks und rechtsseitigen Hodens eines solchen sonderbaren Geschöpfes die Verhältnisse auch umgekehrt liegen können, so daß die linke Seite das männliche Prachtkleid und die rechte das unscheinbare Weibchengefieder trägt.

12. Paarbildung und Ehe

Bei allem, was mit dem Liebesleben zu tun hat, pflegt der Fernerstehende zu vermenschlichen und moralische Werturteile zu bilden. Wir wollen uns hiervon fernhalten und einmal rein sachlich einen Einblick zu tun versuchen in das, was alles bei der Paarbildung und bei der Ehigkeit, soweit diese besteht, möglich sein kann und für die einzelnen Formen arterhaltend ist. Da müssen wir zunächst bedenken, daß sich bei den meisten Vogelarten die zur Fortpflanzungszeit hin stark anschwellenden Keimdrüsen nachher so zurückbilden, daß sie kaum mehr auffindbar über den Nieren in der Bauchhöhle liegen, und je nach ihrer Schwellung oder Schrumpfung ändert sich meist die Stimmung des einzelnen Vogels ganz grundsätzlich, so daß viele unserer heimischen Vögel im Winter so gut wie geschlechtslos sind. Dann pflegt von irgendeiner Ehigkeit, d. h. vom Zusammenhalten eines im Frühling gepaarten Männchens und Weibchens, gar keine Rede mehr zu sein, denn für sie gibt es gewissermaßen überhaupt kein Geschlecht; sie können also auch nicht „untreu" werden. Dies trifft besonders für die meisten unserer Zugvögel zu, die oft nachts und einzeln in tropische Gegenden fliegen und im Frühling getrennt, d. h. die Männchen gewöhnlich 1 bis 2 Wochen früher als die Weibchen, an den alten Standort zurückkehren. Solche Vögel sind also nur ein Vierteljahr lang verheiratet und nehmen dann keine Rücksicht darauf, ob im nächsten Jahre sich derselbe Ehepartner einfindet wie im vorhergehenden; es ist für sie auch völlig unwichtig, da es ja darauf ankommt, daß wieder 1 bis 2 Bruten großgezogen werden, was dann bis zum Spätsommer der Fall ist. Hier handelt es sich um eine sogenannte Ortsehe. Wo, wie bei den Schwalben, ganze Siedlungen entstehen, wird bei 2 oder 3 Bruten, die jeder Vogel vom Mai bis zum August zu machen pflegt, auch bisweilen der Ehepartner gewechselt. Die arterhaltende Hauptsache ist, daß in jedem Jahr ungefähr 8 bis 10 Junge aufgezogen werden, denn die Tiere sind durch Wetter oder Feinde arg bedroht. Es sterben also in jedem Jahre viele hinweg, für die Ersatz geschaffen werden muß. Mit wem die einzelne Schwalbe sich paart und die Jungen aufzieht, spielt keine Rolle; es muß nur schnell gehen, denn der Sommer ist kurz, und in der Winterherberge wird nicht gebrütet, sondern gemausert. Vielleicht hängt diese sogenannte Treulosigkeit damit zusammen, daß die beiden Gatten der ersten Brut nicht zugleich wieder brünstig werden, und jeder von beiden sucht sich dann einen neuen Genossen, wenn er gerade wieder in der richtigen Stimmung ist: jedenfalls wissen wir aus tausendfachen Schwalbenberingungen, daß ein häufiger Wechsel unter den Ehepartnern stattfindet. Ähnliches hat die gründlichst durchgeführte Storchberingung ergeben. Der Bauer schwört zwar darauf, daß jedes Jahr dasselbe Storchenpaar wieder auf seinem Hause brütet, aber die Wissenschaft hat durch diese rührenden Storchenlegenden einen dicken Strich machen müssen, nachdem man Tausende von Jungstörchen durch Ringe gekennzeichnet hatte, deren eingetragene Zahlen man mit guten Fernrohren auf weithin ablesen konnte. Durchschnittlich geht es folgendermaßen zu: Ein fortpflanzungsfähiger, also etwa drei- bis vierjähriger männlicher Storch erscheint Ende März oder im Beginn des April allein auf dem Nest; er fliegt nur selten und auf kurze Zeit auf Futtersuche, damit der alte Horst nicht anderweitig besetzt wird. Dann kommt für gewöhnlich nach 1 bis 2 Wochen ein zweiter Storch, ein Weibchen, das mit lebhaftem Schnabelklappern empfangen wird und in diese Begrüßung sofort einstimmt. Bald begatten sie sich, und dann wird, wenn das Gelege vollzählig im Neste liegt, von Mann und Frau abwechselnd gebrütet, und zwar scheint über Tag der männliche Storch länger zu brüten als der weibliche, der über Nacht auf den Eiern liegt. Die Geschlechter sind schwer zu unterscheiden, und in der Zeitung steht dann gewöhnlich: „die Störchin“; wohl deshalb, weil sich beim Menschen die Mutter mehr mit dem Kleinkind beschäftigt als der Vater. Nun kann man es oft erleben, daß einem durch einen Ring kenntlich gemachten Storchenmann, der im vorigen Jahr eine unberingte Störchin zur Frau hatte, eine beringte zufliegt, und sie wird ebenso freudig empfangen wie die frühere Frau; damit hat man den Beweis, daß dem Storch das Nest und späterhin das Brüten und die Jungenaufzucht die Hauptsache sind. Wer ihm dabei hilft, ist ihm einerlei, und umgekehrt sucht die etwas später ins Brutgebiet heimkehrende Störchin einen Horst mit einem geeigneten artgleichen Mann ohne Ansehen der Person. Tritt nun der Fall ein, daß das ortstreue frühere Weibchen nun doch noch dazukommt, so gibt es unter den beiden Storchenweibern, ebenso wie beim Fischreiher, bei dem diese Vorgänge auf das genaueste festgestellt sind, einen Kampf auf Leben und Tod, dem der nestbesitzende Mann teilnahmslos zusieht: ihm ist das Ergebnis einerlei, wenn nur durch die Anwesenheit einer Frau die Arterhaltung gesichert ist. Natürlich weiß ein alter Reiher oder Storch von Erwägungen wie Arterhaltung usw. gar nichts, sondern die Art hat sich eben erhalten, weil der Storchenvater die erste beste nimmt, die mit ihm brüten will. Für andere einzelbrütende Nesthocker, die Standvögel sind, braucht dies natürlich nicht zuzutreffen, denn ein Kolkrabenpaar hält auch über den Winter zusammen und betrachtet den Horst als Mittelpunkt seines großen Gebietes.

Auch die nur ortsehigen Vögel, wie z. B. Würger, und die brutehigen, wie z. B. die Schwalben, sind während der einzelnen Brut mit ganz wenigen Ausnahmen einehig, d. h. Mann und Frau kennen sich persönlich und dulden keinen dritten Vogel in der Nähe ihrer Brut. Es besteht überhaupt nicht, wie der Laie anzunehmen pflegt, die Frage „einehig oder vielehig", sondern der Schwerpunkt liegt darin, ob eine Vogelart ehig ist oder ob zur Brut und Aufzucht nur ein Elter gehört, und dann gibt es natürlich auch keine Ehe. Wo Futter zugetragen werden muß, die Jungen also Nesthocker sind, ist so gut wie immer irgendeine Form der Ehigkeit erforderlich, weil ein einzelner Altvogel allein nicht genügt, um die Eier auszubrüten und die nötige Nahrung heranzuschaffen.

Bei Nestflüchtern, die ja als Kinder gleich eine gewisse Selbständigkeit haben, kann sowohl Ehigkeit — und dann ist es auch so gut wie immer Einehigkeit — herrschen, oder aber es besteht keinerlei persönliche Beziehung zwischen den beiden Geschlechtern, die sich in manchen Fällen überhaupt nur zur Paarung treffen und dann für den übrigen Teil des Jahres wieder auseinandergehen. Das sind meist diejenigen Vogelarten, bei denen

Abb. 31. Balzender Birkhahn.

eine eigentliche Balz stattfindet und sich die Gatten in Farbe, Form und Körpergewicht oft sehr unterscheiden.

Zwei Beispiele mögen das erläutern. Fast das ganze Jahr hindurch leben die Birk- und die Auerhähne ohne Hennen in lockeren Verbänden miteinander. Zu Beginn der Fortpflanzungszeit sucht sich jeder seinen Stand und balzt, indem er sich durch merkwürdige Bewegungen und Ausstoßung sonderbarer Laute bemerkbar macht (Abb. 31). Die paarungslustigen Hennen finden sich ein, der Hahn macht ihnen den Hof und begattet eine oder mehrere. Die Hennen verstreuen sich dann, legen, brüten und führen die Jungen; die Hähne aber tun sich wieder zusammen und wissen von der ganzen Nachkommenschaft und all ihren Sorgen gar nichts. Im nächsten Frühling wiederholt sich dasselbe Spiel, und daß dann gerade dieselbe Henne zu demselben Hahn kommt, ist wohl Zufall; wer weiß, ob sich die beiden überhaupt wiedererkennen. In diesem Falle von einer Ehe, insbesondere von Ein- oder Vielehe zu sprechen, halte ich für falsch, denn irgendein Zusammenhang zwischen Mann und Weib besteht, außer beim Treten, überhaupt nicht.

Nun das Gegenteil davon. Der eineinhalbjährige Gansert macht einer bestimmten Gans von ferne her durch stolze Haltung unter Halseintauchen den Hof; da er aber nicht zum selben Familientrupp gehört, so darf er sich nicht zu nahe heranwagen, denn er wird von den anderen Mitgliedern weggebissen. Es muß ihm also gelingen, die Angebetete auf seine Seite zu bringen, so daß sie zu ihm übergeht. Die beiden bilden dann schon im Laufe des Winters ein Paar, auch ohne daß sie sich zunächst geschlechtlich nähertreten. Wenn sie bei Vertreibung eines Gegners gemeinsam in das für die Gänse bezeichnende Triumphgeschrei ausbrechen, so kann das Verlöbnis für endgültig besiegelt gelten, denn sie treten dann vereinigt der Außenwelt gegenüber. Da der Gansert seine Braut und spätere Frau treulichst bewacht und verteidigt und vor allen Dingen ein „rührender" Vater seiner Kinder ist, so bleibt das Paar für gewöhnlich zeitlebens vereinigt, und es trennt sich, wie es z. B. viele Singvögel tun, auch im Winter nicht. Das hat seinen Grund besonders darin, daß die Jungen, denen wenig Triebhandlungen angeboren sind, von beiden Eltern fast ein Jahr lang geführt werden (Abb. 32), d. h. so lange, bis zum nächsten

Frühling wieder das neue Brutgeschäft beginnt. Eine solche Ehe ist also durchaus nicht nur an das Geschlechtsleben gebunden und hält manchmal noch über den Tod eines gestorbenen Gatten an; hier spielt die Persönlichkeit eben eine so große Rolle, daß der überlebende Teil dauernd verwitwet bleibt und keine neue Ehe anfängt. Der Mensch wird so etwas häufig für ungemein moralisch halten; in Wirklichkeit ist es eine Sackgasse, die der Arterhaltung widerspricht.

Abb. 32. Grauganspaar verteidigt gemeinsam seine Jungen.

Wo Keinehigkeit besteht, also die Eier nur von einem Elter ausgebrütet werden, kann dies sowohl der Vater wie die Mutter tun. So brütet und führt bei den südamerikanischen Steißhühnern (Tinamus), bei den Emus (Abb. 25, S. 36) und Kasuaren, den Nandus oder amerikanischen Straußen, bei den Laufhühnchen und verschiedenen Schnepfenvögeln ausschließlich der Mann, der dann vielfach kleiner und unscheinbarer als das balzende Weibchen ist. Dagegen besorgt bei vielen nach dem Geschlecht verschieden gefärbten Hühner- und Entenvögeln ausschließlich das weniger prächtig gefärbte Weib die gesamte Brutpflege.

Eine Anzahl von Schwimm- und Tauchenten machen insofern eine Ausnahme, als der Erpel sich oft schon zum Herbst hin mit einer bestimmten Ente verheiratet und dauernd mit ihr geht, er nimmt aber nicht am Brut- und Führungsgeschäfte teil, so daß das Zusammenleben nur vom Herbst bis zum Frühjahr dauert.

Die Erpel mancher Art haben außerdem die Eigentümlichkeit, daß sie etwa vom März ab jedes fremde Weibchen verfolgen und vergewaltigen wollen, ohne daß sie dabei die Absicht haben, mit der fremden Frau sonst in eine Lebensgemeinschaft zu treten. Das geht so weit, daß sie der sich liebebedürftig anbietenden Gattin gegenüber oft recht zurückhaltend sind. Die weiblichen Enten sind ungemein treu und setzen alles daran, einem sie verfolgenden fremden Männchen auszuweichen, ja sie lassen sich lieber umbringen als notzüchtigen.

Bekanntlich hat sich die Stockente in fast allen größeren Städten zum wilden Parkvogel entwickelt, was ihre Beobachtung sehr erleichtert, da sie sich nicht vor dem Menschen fürchtet und in ihrer feindlichen Umgebung nicht fortwährend sichert, wie es ja sonst die meisten Wildtiere tun, die dauernd im Druck sind und gewissermaßen das verkörperte böse Gewissen darstellen. Wer etwa von Mitte März ab bis in die späteren Maitage in den wasserreichen Anlagen großer Städte, wie Berlin, München und Leipzig, spazierengeht, der wird oft am Himmel drei Stockenten hintereinander herfliegen sehen; die vorderste, ein Weibchen, stößt ihren Angstruf, ein gezogenes „Quähk", aus, und hinter ihr fliegen zwei Erpel. Der Laie sagt dann immer: Es ist Reihzeit, und zwei Erpel treiben eine Ente. So liegt die Sache nun nicht, sondern das Weibchen eines schon vom Winter her eng zusammenhaltenden Paares wird von einem fremden Erpel gehetzt, und der eigene Mann muß wohl oder übel mitfliegen, damit er weiß, wo die wilde Jagd endet und er seine Gattin wiederfindet. Die Frau des zudringlichen Verfolgers kümmert sich um die ganze Angelegenheit nicht, sie verweilt futtersuchend am Ausgangspunkte der wüsten Szene, der sich oft noch ein oder zwei Erpel mit denselben zudringlichen Absichten anschließen, denn sie braucht in dieser Zeit sehr viel Nahrung, um ihre etwa 13 Eier in ebensoviel Tagen zu erzeugen. Schließlich bekommen die doch nie ihr Ziel erreichenden fremden Erpel die Sache satt und kehren in hohem Bogen zu ihren Ehefrauen zurück. Man wundert sich dabei, daß diese Frauen ihre Männer schon von weitem in der Luft als die ihrigen erkennen, denn sie sind mit ihnen sofort wieder einig, während sie jeden andern Erpel fürchten und sich seinen Blicken durch ruhiges Hinlegen auf das Wasser oder Verkriechen ins Gesträuch zu entziehen versuchen. Es sei dabei bemerkt, daß sich all diese Tiere persönlich nur am Gesicht erkennen, das für unsereinen bei allen gleich aussieht.

Viele Schwimmenten haben die Gewohnheit, schon vom September ab regelrechte Begattungen zu vollziehen, wobei das Paar durchaus im Einverständnis miteinander handelt, und namentlich zu Beginn des Verlöbnisses, wenn die Erpel manchmal noch gar nicht ihr volles Prachtkleid angelegt haben, ist das Weibchen der auffordernde Teil. Der Mann ist dann häufig noch nicht in rechter Stimmung und unterläßt die körperliche Annäherung, man möchte sagen unter irgendeiner Ausrede, indem er durchaus einen Scheingegner vertreiben, sich putzen oder sonst etwas unternehmen muß. Solche Begattungen haben mit der eigentlichen Fortpflanzung natürlich nichts zu tun, denn die Keimdrüsen sind bei beiden Geschlechtern bis zum Frühling hin ganz klein und unentwickelt. Von der Verfolgung fremder Weibchen ist im Herbst und Winter keine Rede. Dafür werden in kleinen Trupps unter bestimmten Balzbewegungen persönliche Beziehungen angeknüpft, und die noch ungepaarten Weibchen versuchen mit laut schallendem Crescendo-Ruf „Quack quaak quak quakquak" vorüberfliegende Genossen aus der Luft herunterzurufen. Diesen Stimmlaut hört man mit dem Beginn des Frühlings natürlich nicht mehr, weil die verheiratete Ente jeden fremden Erpel fürchtet. Da diese Herbst- und Winterverlobungen oft weit von der Brutheimat entfernt, also z. B. auf dem Blauen Nil, stattfinden, so kann es vorkommen, daß eine englische Ente ihrem Geliebten nach Sibirien folgt und umgekehrt. Diese Tatsache bringt es nun mit sich, daß eine dauernde Vermischung der nordischen Enten erfolgt und sich somit keine geographischen Formen herausbilden können, wie dies bei sehr vielen, weit nach Afrika hineinziehenden, ortsehigen Vögeln eintritt, wo jeder unabhängig von seinem Partner wieder in die alte Brutheimat zurückkommt, um sich erst dort zu paaren, wie z. B. bei dem leichtbeschwingten Mauersegler und dem in Ostafrika überwinternden Würger.

Die Häufigkeit der Begattung ist durchaus nicht von der Eizahl des Geleges abhängig: so treten sich Gänsegeierpaare monatelang in ganz kurzen Zwischenräumen und legen schließlich nur ein Ei, und andererseits genügt ein einmaliges Treten bei einer Truthenne für sämtliche 12 bis 15 Eier. Der Truthahn gehört zu den Formen, die, wie unsere deutschen Waldhuhnarten und auch Pfau und Argus, in Keinehe leben, d. h. die Hähne halten bestimmte „Tretstunden" ab, gehen nie einer Henne nach, und die Weibchen finden sich nur dann ein, wenn sie gerade befruchtungsfähig sind. Dabei wird die Willfährigkeit durch ganz besondere Bewegungen ausgedrückt. Ganz im allgemeinen kann man sagen, daß bei Vogelformen, wo beide Geschlechter brutpflegend sind und bei denen auch in der Nichtfortpflanzungszeit der Standort gewahrt wird, eine Dauerehe besteht, wie wir dies ja bei Gänsen und Kolkraben schon gesehen hatten. Leicht zu beobachten sind diese Verhältnisse bei Haustauben. Die allgemeine Geselligkeit dieser Tiere und ihrer Stammform, der Felsentaube, beruht keineswegs auf gegenseitiger Freundschaft, sondern auf dem Gefühl der Sicherheit im Schwarm sowie darauf, daß eine Taube die andere beobachtet, wo sie Nahrung oder Wasser findet. Im übrigen mögen sich die einzelnen Stücke durchaus nicht leiden, deshalb fällt dem Kenner ein gepaartes Paar durch seine Verträglichkeit sofort auf: die beiden Gatten sind nicht futterneidisch aufeinander, setzen sich gern zusammen und äußern ihre Zärtlichkeit durch Nesteln im Halsgefieder des Ehepartners, was bei fremden Tauben nie vorkommt, die ja auch immer auf Schnabelhackweite auseinander zu sitzen pflegen. Nachdem eine Brut glücklich beendet ist, wird ziemlich selbstverständlich mit demselben Gatten eine neue begonnen, und das geht jahrelang so weiter.

Eine Durchschnitts-Taubenehe verläuft etwa folgendermaßen: Der herangereifte Tauber sucht sich im Schlage einen Nistplatz, d. h. eine dunkle Ecke, setzt sich hinein und ruft nun stundenlang ein einförmiges „Ruh ruh ruh"; zugleich unterläßt er es nicht, in den Pausen Täubinnen mit dem bekannten „Wang-wang ruckuh", wobei er den Hals aufbläst, den Schwanz breitet und sich häufig um seine Achse dreht, zu umbalzen, bis sich schließlich eine ledige Täubin an ihn heranmacht und zu ihm an die Niststelle kommt; zunächst wird sie als Eindringling verjagt. Sie kommt aber immer wieder, wird schließlich geduldet und bezeugt die Nestannahme durch ein ganz sonderbares Heranhüpfen, wobei sie den gebreiteten Schwanz auf dem Boden schleppt. Nunmehr ist das Paar einig und kost, sich gegenseitig kraulend, halbe Stunden lang in der Nestmulde. In der Nähe des Nistgebietes wird keine andere Taube geduldet, und es kommt dabei oft zu wütenden Schlägereien und Beißereien. Die beiden Partner halten auch außerhalb des Nestes zusammen und folgen sich stets mit Blicken, was überhaupt bei Tauben eine große Rolle spielt. Bald darauf „treibt" der Tauber die Täubin, d. h. er verfolgt sie auf Schritt und Tritt, hackt nach ihr, wenn sie stehenbleibt, und läßt sie auch kaum fressen und trinken; für uns Menschen sieht das wie alles andere aus, nur nicht wie eine Liebesbezeugung, denn die Taube weiß sich einfach nicht vor ihrem Tauber zu retten. Wird er aber abgelenkt und bleibt stehen, so geht oder fliegt sie nicht etwa weg, sondern sieht sich nach ihm um, bis er sie weiterhin verfolgt, und er ist erst zufrieden, wenn sie im Nest sitzt; dann gibt es Ruhe, und er kost mit ihr; d.h. ins Menschliche übersetzt: „Du hast dich nicht herumzutreiben, sondern brav zu Hause zu sein." Sitzen sie zusammen auf dem Flugbrett, so fliegt er klatschend mit viel Gehabe und Getue ab, und wenn die Sache in Ordnung ist, folgt sie ihm in ähnlicher, aber etwas milderer Weise. Schon einige Tage vorher und auch während des Treibens bleibt die Täubin plötzlich stehen, und die Paarungseinleitung beginnt, indem sich beide ansehen und besonders der Tauber Kopf und Schnabel rückwärts unter einen Flügel führt. Dann kommt sie an und läßt sich schnäbeln; es ist dies dieselbe Handlung, wie alte Tauben ihre Jungen füttern, d. h. sie bohrt ihren Schnabel in den ihres Mannes, der dann Würgbewegungen macht. Das geschieht abwechselnd mit dem Flügelbetippen einige Minuten lang. Schließlich duckt sich die Täubin hin, und die Begattung erfolgt. Manchmal kann man dann beobachten, daß dasselbe Spiel ganz kurz noch einmal einsetzt, der Tauber sich hinduckt und die Täubin ihn regelrecht tritt. Bei bestimmten australischen Wildtauben ist dies die Regel und wird oft wiederholt. Nach wirklich gelungener Begattung läuft sie ein paar Schritte mit gebreitetem, zu Boden gedrücktem Schwanz, er fliegt ab und sie hinterher. Dies ganze Gehabe geht so ungefähr eine Woche lang, dann fängt er plötzlich an, zu Neste zu tragen, während sie in der Mulde sitzt und die Halme oder Zweiglein unter sich steckt. Auch dies währt nur wenige Tage, dann legt sie am späteren Nachmittag das erste Ei, das nun von beiden Eltern abwechselnd bewacht wird, bis das zweite am übernächsten Tage

62

kurz nach Mittag erscheint und die eigentliche 17 Tage dauernde
Brut einsetzt. Der Tauber brütet vom Vormittag bis zum Nachmittag, die Täubin die übrige Zeit. Im Freileben ist die „Freizeit"
der Futtersuche gewidmet, da bei den Tauben nicht ein Gatte den
andern füttert, wie dies bei vielen Papageien, Greifvögeln, manchen Singvögeln usw. die Regel ist. Es gibt Taubenpaare, die
diese Ablösung streng einhalten, und solche, die — wie es bei
Nachtreihern auch beobachtet wurde — ein Gefühl dafür haben,
daß etwas nicht in Ordnung ist, wenn sie während ihrer Freizeit
dem Gatten irgendwo draußen begegnen. Sie fliegen dann, obgleich ihre Brütezeit noch nicht gekommen ist, sofort nach Hause
und bedecken die Eier. Kehrt einer der Gatten nicht wieder, weil
er gestorben oder verunglückt ist, so pflegt der Ehepartner gewöhnlich noch 2 Tage allein zu brüten und verläßt dann das Nest.
Das ist offenbar rein triebmäßig, denn ich habe es erlebt, daß die
Täubin tot vor dem Nest lag und der Tauber trotzdem 2 Tage
lang weiterbrütete. Den Begriff „Tod" gibt es für Tauben nicht.
Nach solchen Unglücken paart sich der hinterbliebene Teil in den
Frühlings- und Sommermonaten rasch wieder, wenn er einen geeigneten Partner findet, und macht mit ihm eine neue Brut. Ist ein
Tauber während der etwa zehntägigen Tretzeit einmal nicht ganz
auf der Höhe, so läßt sich die brünstige Täubin von einem anderen
Tauber, und zwar gewöhnlich von einem ganz bestimmten,
treten; jede nicht brütende Täubin wird nämlich fast von jedem
nicht auf den Eiern sitzenden Tauber etwas angebalzt, was aber
fast nicht viel mehr heißt als: „Guten Tag, gnädige Frau." Jedenfalls wird sie, wenn sie ruhig ihres Weges zieht, nicht weiter be-
lästigt. Geht nun eine so brünstige Täubin durch plötzliches
willfähriges Hinducken auf einen solchen Scheinantrag ein, so
braucht der verdutzte höfliche Freund erst eine Zeitlang, um in
wirkliche Tretstimmung zu kommen, und dann wird die Begattung vollzogen, wobei es aber an der sonst zwischen Ehegatten üblichen Zärtlichkeit fehlt. Sie geht dann befriedigt wieder
ins Nest und hält im übrigen treu zu ihrem Ehemann; er brütet
und füttert weiterhin mit, als wenn nichts geschehen wäre. Solche
„Verirrungen" erkennt man übrigens, falls man verschieden gefärbte Insassen zusammen hält, auch ohne diese Vorgänge zu
beobachten, an der Gefiederfarbe der Kinder.

Für alle Taubenarten der Erde, also auch für die Haustauben, bezeichnend ist die Erzeugung eines Nahrungsstoffes im Kropfe beider Eltern; den ganz kleinen Jungen werden nämlich nicht etwa gequellte Körner verfüttert, sondern kurz vor dem Ausschlüpfen der Kinder bildet sich im Kropfe beider Eltern ein weißlicher, grützeartiger Kropfbrei, der aus abgestoßenen, besonders dazu vorgebildeten Zellen besteht. Die kleine, gelblich bedaunte, sehr hilflose, blinde Jungtaube (Abb. 33) führt ihren sehr großen Schnabel in den Schlund von Vater oder Mutter ein, um sich diese „Kropfmilch" durch würgende Bewegungen der Eltern einpumpen zu lassen. Mit ungefähr 5 Tagen werden die ersten, im Kropf vorgequellten Körner mitgegeben; die Absonderung des Kropfbreies dauert aber im ganzen ungefähr 18 Tage. Diese Zahlen gelten nur für die Haustaube; bei vielen Wildformen sind die Kinder noch bedeutend länger auf reine Kropfmilch angewiesen, und das hat zur Folge, daß man diese Arten durch Haustauben zwar ausbrüten, aber dann nicht auffüttern lassen kann: sie gehen an schweren Kropfentzündungen zugrunde, weil sie die Körnernahrung nicht so früh vertragen können wie die Haustaube und vielleicht auch ihre Stammutter, die Felsentaube. Noch einige Tage nach dem Ausfliegen erhalten die Jungtauben, wenn auch sie schon selbst zu picken anfangen, einen Teil ihrer Nahrung aus dem elterlichen Schlund, und deshalb wachsen ihnen die Federn zwischen Auge und Schnabelspalt sehr spät, da sie ja sonst verkleben würden; bei den Kormoranen ist es ähnlich.

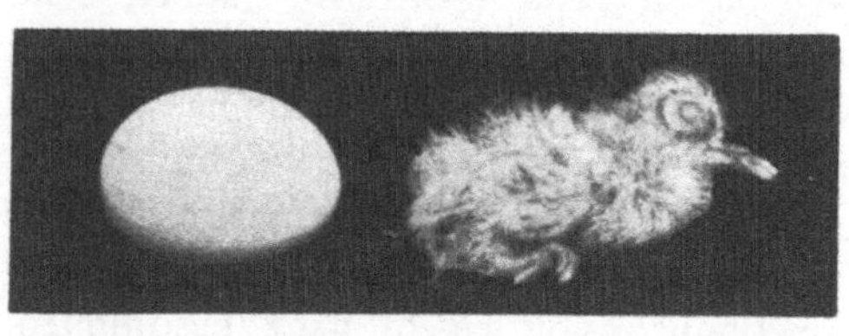

Abb. 33. Frisch geschlupfte Felsentaube. Etwa ¹/₂ nat. Gr.

Vom Frühling ab bis in den Hochsommer hinein schachteln nun nicht nur die Haustauben, sondern auch unsere heimischen Wildtauben eine Brut in die andere hinein, so daß, wenn alles glückt, z. B. bei Ringel- und Hohltaube vier Bruten zustande kommen. Die Jungen werden nur etwa eine Woche lang von den Eltern abwechselnd bedeckt und gewärmt, dann fangen die Alten bereits an, sich nach einer neuen Niststelle umzusehen, zu kosen und zu treiben, worauf der neue Nestbau beginnt. In der Hauptzeit hat so ein Taubenpaar dann in dem einen Nest bereits befiederte, noch nicht flügge Kinder, in dem anderen aber schon wieder Eier; und erst wenn aus diesen die nächste Brut geschlüpft ist, werden die nunmehr flüggen vorhergehenden Jungen sich selbst überlassen. Natürlich ist eine Vermehrung bei gut gefütterten und nicht zu kalt gehaltenen Haustauben noch größer als bei den von der Witterung viel mehr abhängigen Wildformen, die uns ja größtenteils zum Herbst hin verlassen, um wärmeren Gegenden zuzustreben.

Selbstverständlich gibt es im Vogelleben noch andere Fortpflanzungsmöglichkeiten als die hier gewissermaßen als Stichproben geschilderten. Man hüte sich also im Einzelfalle stets vor Verallgemeinerungen.

13. Über das Ei und das Wachstum der Jungen

Das Vogelei besteht, grob gesagt, aus der Kalkschale, der darunter befindlichen Schalenhaut, dem durchsichtigen Eiweiß und der darin frei schwebenden Dotterkugel. Ähnlich verhält es sich übrigens bei den Schildkröten und Krokodilen, während die Eier der übrigen Kriechtiere eine pergamentartig weiche Umhüllung haben, in der man ein gleichförmiges Gemisch von Dotter und Eiweiß antrifft. Die Eischale des Vogels kann einfarbig oder auch stark gefleckt, glatt oder rauh, dünn oder dick sein: diese Dinge sind nach den einzelnen Gruppen verschieden und haben gewöhnlich, wenn auch vielleicht nicht immer, eine gewisse Bedeutung. So spielt die Schutzfärbung oft eine große Rolle, und die Dicke der Schale steht im Zusammenhang mit der Art und Weise, wie der brütende Vogel sein Gelege behandelt. So haben die stark gespornten, derbfüßigen afrikanischen Frankolin-Hühner Eier, die man geradezu an die Wand werfen kann, und die vorsichtigen, weichbeinigen und weichschnäbeligen Enten und namentlich die Schnepfenarten überaus dünnschalige. Hier nur ein Beispiel: der Große Brachvogel wiegt fast 1 kg und sein frisches Ei, das $29^{1}/_{2}$ Tage zur Zeitigung nötig hat, 70 g, also soviel wie ein recht großes Hühnerei. Man macht nun sehr schlimme Erfahrungen, selbst wenn man einer noch so vorsichtigen, kleinen Haushenne Brachvogeleier unterlegt. In der ersten Zeit, wenn die Luftkammer noch klein ist, geht die Sache zwar gut; dann aber, gegen Ende der Brutdauer, drückt auch die behutsamste Henne fast unrettbar mit ihrer Laufschiene die dünne Eischale am stumpfen Pole ein, weil sie dort nicht mehr durch das darunterliegende Eiweiß geschützt und nicht auf die harten Hühnerbeine eingerichtet ist. Ich habe daher Brachvogeleier von Hühnern immer nur anbrühen und sie dann im Brutofen auskommen lassen.

Auch die Form des Eies hat gewöhnlich einen bestimmten Zweck. Gleicht sie der eines Kreisels, wie namentlich bei den Lummen (Abb. 34), so wird ein Abrollen von den Felsvorsprüngen, auf denen die Tiere brüten, möglichst verhindert. Die 4 Eier eines Kiebitz- oder Regenpfeifergeleges (Abb. 35) liegen unter dem brütenden Vogel stets mit dem spitzen Ende zusammen und werden von ihm auch immer wieder so angeordnet, wenn man sie anders hingelegt hatte. Die im Verhältnis zum Vogel sehr großen Eier brauchen also

Abb. 34. Lummen-Ei.
²/₅ nat. Gr.

Abb. 35. Gelege eines Flußregenpfeifers.

eine ganz vorschriftsmäßige Anordnung, um unter dem elterlichen Körper Platz zu haben. Wo das Gelege aus zahlreichen Eiern besteht, sind sie gewöhnlich mehr rundlich, und ein spitzes oder stumpfes Ende kommt nicht so deutlich zum Ausdruck (s. Abb. 14, S. 11). Auf diese Weise schmiegt sich dann das eine oder eineinhalb Dutzend Eier im Nest des Fasans, des Rebhuhns oder einer Ente besser zusammen.

Das Eiweiß ist in Menge und Zusammensetzung bei den Eiern der einzelnen Vogelgruppen verschieden. Es stellt die eigentliche Bildungsquelle des Keimlings dar, wird also bis zum Schlüpfen des Jungvogels im Gegensatz zum Dotter völlig aufgebraucht. Das Verhältnis des Dotters zum übrigen Ei, also namentlich zum Eiweiß, schwankt sehr stark; nach meinen Wägungen zwischen 15% beim Wendehals und Kormoran und gegen 50% bei manchen Enten. Ganz im allgemeinen kann man sagen, daß Nesthocker, wie die meisten Singvögel und Tauben, ungefähr 20, entwickelte Nestflüchter, wie Hühner und Enten, etwa gegen 35% Dotter im Ei aufweisen (s. Abb. 36). Die winzige Dottermenge der hilflosesten Nesthocker, wie Kormorane und Spechte, ist beim Ausschlüpfen des Jungen fast ganz verbraucht. Von dem riesigen Dotter der Schwäne und Tauchenten bleibt aber dem frisch geschlüpften Küken noch ein Drittel als Vorrat für die nächsten Lebenstage in der Bauchhöhle zurück, denn so ein kleines Wesen wird ja nicht von den Eltern gefüttert, sondern ist oft in den ersten

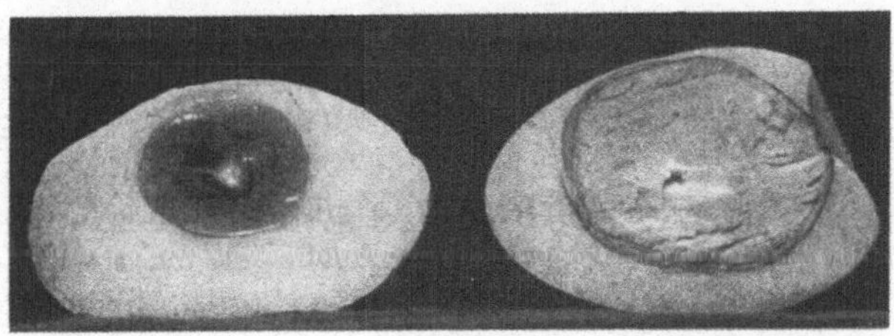

Abb. 36. Querschnitt durch ein hartgekochtes Ei a) des Kronadlers (Nesthocker) und b) der Schneegans (Nestflüchter). Etwa $^1/_2$ nat. Gr.

Tagen wegen großer Kälte, schlechten Wetters und anderer mißlicher Umstände gar nicht in der Lage, Futter zu finden; ja es muß bei manchen Arten oft vom Nistplatz aus erst eine lange Fußwanderung bis zum nächsten nahrungspendenden Teich machen. Zieht man so ein flinkes, bewegliches und recht selbständiges Ding im Zimmer auf, so merkt man bald, daß die ersten Tage mehr zum Nahrungsuchen und -prüfen als zum eigentlichen Fressen bestimmt sind; während dieser Zeit entwickelt sich das Küken körperlich und geistig, ohne dabei wesentlich schwerer zu werden, denn sein Körper und seine Glieder beziehen ihre Nährstoffe zunächst aus dem erwähnten Dottervorrat.

Im Vergleich zu den Säugetieren, den Kriechtieren sowie den meisten Lurchen und Fischen wächst ein Vogel sehr rasch heran. Eine Ausnahme machen nur diejenigen, die zeitlebens flugunfähig bleiben, wie Kasuare, Strauße und solche, die schon als kleine Junge eine Schwingenmauser durchmachen, und das sind im wesentlichen die Hühnervögel. Die rasche Zunahme des Körpergewichts hat, wie schon aus den angeführten Ausnahmen hervorgeht, ihren arterhaltenden Grund darin, daß beim Erreichen der Flugfähigkeit Körpergewicht und Tragfläche in dem für die Flugweise der betreffenden Art richtigen Verhältnis stehen müssen. Bei weitem der größte Teil der Vögel behält nämlich seine Schwungfedern zunächst einmal 1 Jahr lang — bei Kranichen und Uhus sogar 2 —, und diese können, sobald ihre Kiele verhornt sind, nicht mehr wachsen. Diese Zeitspanne der

Abb. 37. Erwachsene 31 tagige Amsel, sich sonnend. ¹/₄ nat. Gr.

Schwingenausbildung währt bei unseren Kleinvögeln bis zur Drosselgröße ungefähr einen Monat (Abb. 37), und bis dahin pflegt auch so ziemlich das endgültige Körpergewicht erreicht zu sein; ja es gibt sogar Arten, die kurz vor dem Ausfliegen mehr wiegen als später, dazu gehört z. B. die Rauchschwalbe. Sie verläßt ihr Nest mit knapp 3 Wochen und kann dann schon richtig fliegen. Die neugeborenen Jungen wogen 1,6 g, 5 Tage später 9,5 g, mit 10 Tagen 22,5 g und mit 15 23 g; das Durchschnittsgewicht der Eltern ist ungefähr 18 bis 20 g. Das Wachstum der längsten Schwingen war inzwischen in der Weise vor sich gegangen, daß sie in 10 Tagen von 25 auf 52 mm hervorsproßten; das entspricht einer Zunahme von täglich 5 mm. Man bedenke zum Vergleich, daß ein menschlicher Fingernagel täglich nur ¹/₁₀ mm Längenzunahme hat. Bei Großvögeln, wie Kranichen,

manchen Gänsen und Schwänen bringt es eine heranwachsende
Schwungfeder in der Hauptwachstumszeit auf 1 cm täglich.

Je nach der Lebensweise und
Stammesgeschichte ist nun die
Wachstumsgeschwindigkeit von

Abb. 38a. 1 ½ tagiger Storch, hilfloser Nestvogel. ¹/₂ nat. Gr.

Abb. 38 b. 29 tägiger Storch mit sprossenden Schwingen. Etwa ¹/₁₀ nat. Gr.

Körper und Federn durchaus nicht immer gleich. So müssen
z. B. junge Schwalben und Segler ja schon gleich beim ersten
Ausflug von ihrem hohen, freien
Neste aus weite Strecken zurücklegen, während Erdbrüter, Röh-
richt- und Gebüschbrüter laufend
oder kletternd viel frühzeitiger das
Nest verlassen können, weil ihnen
die nächste Umgebung Schutz und
Deckung gewährt, auch ohne daß
die Tiere richtig
beflogen sein
müssen. Ähn-
liches gilt für
manche Wasser-
vögel, insbeson-
dere Schwäne und
Taucher. Nest-
flüchter und
Nesthocker ha-
ben deshalb eine
andere Entwick-

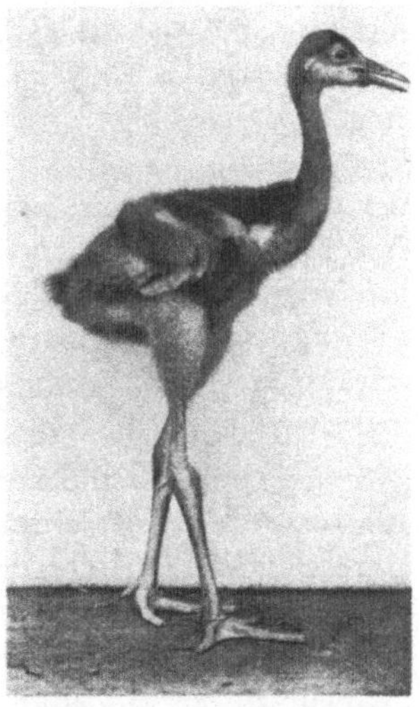

Abb. 39a. 2 tagi-
ger Kranich, gut
entwickelte Lauf-
beine. ¹/₈ nat. Gr.

Abb. 39 b. 32 tägiger Kranich
mit beinahe erwachsenen Beinen, noch fast ohne Flügelfedern. ¹/₁₀ natürlicher Größe.

lung, weil erstere ja ihren Eltern sofort durch dick und dünn auf dem Boden folgen müssen und daher zunächst ihre Flügel noch gar nicht gebrauchen. Umgekehrt entwickeln sich die Beine bei manchen Nesthockern recht spät, damit die noch hilflosen Nestjungen nicht vorzeitig an den Nestrand geraten und hinunterfallen; dafür sprossen die Flügelfedern früh. Ein Vergleich von heranwachsenden Störchen und Kranichen ergibt dies ohne weiteres (s. Abb. 38a u. b im Vergleich zu 39a u. b). Beim nestflüchtenden Kranich findet das Hauptlängenwachstum des Laufknochens zwischen dem 8. und 16. Tage statt und beträgt täglich 7 mm. Beim nesthockenden Storchenkind fällt die Hauptwachstumszeit später, nämlich in die Zeit zwischen dem 20. und 38. Tag, mit einer täglichen Zunahme von 5 mm; das ist ungefähr dieselbe relative Zunahme, denn der Lauf des erwachsenen Storches mißt etwa 19 cm, der des alten Kranichs ungefähr 26 cm. Beide, sowohl der Nesthocker wie der Nestflüchter, sind aber mit 10 Wochen so ziemlich erwachsen und flugfähig. Bei den erwähnten Arten handelt es sich zwar um die langbeinigsten Vertreter der heimischen Vogelwelt, aber durchaus nicht um die langbeinigsten flugfähigen Vögel überhaupt. Als solche kommen wohl der südasiatische Antigone- oder Saruskranich mit einer Lauflänge von gegen 32 cm, und der Flamingo, bei dem ich selbst 35 cm gemessen habe, in Betracht. Leider liegen keine Beobachtungen darüber vor, auf welche täglichen Rekordleistungen es ihre Jungen beim Heranwachsen des Laufknochens bringen. Ich nehme an, daß bei diesen Vögeln Knochenwachstumsgeschwindigkeiten von etwa 1 cm am Tage erreicht werden.

Aber „auf Wunsch", d. h. je nach den Anforderungen, die ihre Umwelt an die Vögel stellt, besteht auch hier keine feste Regel. Es gibt nämlich auch Nestflüchter, die sehr bald fliegen können, und Nesthocker, die das Nest flugunfähig verlassen; die sehr versteckt lebenden nestflüchtenden Rallen entwickeln ihre Flügelfedern sehr spät, da sie ihre Flugfähigkeit ja eigentlich erst zum Wegzuge im Herbst gebrauchen. So hat mit 5 Wochen das Teichhuhn, eine Ralle, noch kurze Blutkielschwingen (s. Abb. 40a), während in demselben Alter der doch bedeutend größere Kiebitz, der mehr auf freien Flächen lebt und Bodenfeinden beizeiten fliegend entrinnen muß, schon lange fliegen kann (s. Abb. 40b).

Bei Fleisch- und Fischfressern, wo also fast die ganze Nahrungsmenge wirklich in den tierischen Körper übergeht und kein unverdaulicher Ballast von Chitin, Zellulose und ähnlichen entweder als Gewöll oder durch den Darm wieder ausgeschiedenen Dingen mit aufgenommen wird, setzt sich, wenigstens bei größeren Jungvögeln, etwa ein Drittel des Futters in Wachstum um; so verbrauchte ein täglich 50—60 g zunehmendes Habichtweibchen durchschnittlich 160 g reines Fleisch; und ein Storch frißt im Alter von ungefähr 3 Wochen täglich etwa $1/2$ kg an Fleisch und Fischen, wobei er um $1/6$ kg an Gewicht zunimmt.

Kurz vor dem Ausfliegen vermindert sich die Freßlust der Nesthocker stark, ja die Futterabnahme hört bei manchen Arten ganz auf und macht einer inneren Unruhe Platz, bis die Tiere schließlich ausfliegen. Bald darauf lassen sie sich von den Eltern noch eine Weile weiterfüttern. Vielfach hat der Laie die Vorstellung, daß die Alten ihre Kinder durch Vor-

Abb. 40a. 31 tägiges Teichhuhn (Gallinula chloropus), Schwingen noch winzig.

Abb. 40b. 28 tägiger Kiebitz, fast flugfähig.

halten von Futter zum Ausfliegen veranlassen wollen. Bei den vielen Nestlingsaufzuchten, die ich selbst vorgenommen habe, bin ich dagegen zu der Ansicht gekommen, daß man das dargereichte Futter nicht los wird, obgleich die Pfleglinge Bettelbewegungen machen; dies ist nicht nur bei Singvögeln, sondern auch bei Adlern, Eulen und vielen anderen der Fall. Für die Sturmvögel, zu denen auch der Albatros gehört, kann es wohl für erwiesen gelten, daß das einzige Kind während der vielwöchigen Nestzeit zu einem Fettklumpen herangemästet wird; dann aber hören die Eltern mit dem Füttern auf, lassen sich gar nicht wieder sehen, und das Junge fliegt eines Tages auf die See hinaus. Merkwürdigerweise herrschen bei dem im Südpolargebiet heimischen See-Elefanten ähnliche Verhältnisse.

Bei flugunfähigen Vogelformen, wie bei den Straußen und Kasuaren, dauert das Wachstum der Jungen länger, da es ja nicht zu einer ganz bestimmten Zeit, nämlich bis zur vollen Ausbildung der Flügelfedern, zu Ende sein muß. Ferner machen die Hühnervögel insofern eine Ausnahme, als bei ihnen die Flugfähigkeit schon sehr früh, ja bisweilen bald nach dem Ausschlüpfen aus dem Ei erreicht wird und dann nach kurzer Zeit eine sonderbare Schwingenmauser einsetzt, wodurch Tragfläche und Körpergewicht bis zum völligen Heranwachsen des Tieres im richtigen Verhältnis bleiben: dies bezieht sich auf sämtliche Hühnerarten der ganzen Erde, und wir werden darauf im nächsten Abschnitt noch bei der Besprechung der Mauser einzugehen haben.

14. Der Federwechsel (die Mauser)

Die Oberhautgebilde der Säugetiere und Vögel müssen sich, da sie einer ständigen Abnützung durch die Umwelt ausgesetzt sind, dauernd erneuern, und dies geschieht entweder wie bei unserer Haut, den Nägeln und Hufen sowie bei den Krallen und dem Schnabel des Vogels ganz allmählich, oder der Ersatz erfolgt zu gewissen Zeiten geradezu ruckweise, wie bei Haaren und Federn. Es ist ja bekannt, daß z. B. beim Reh ein kurzes, rotes Sommerhaar mit einem langen, dichten, grauen Winterhaar wechselt, und so ähnlich verhält es sich beim Federkleide auch. In den meisten Fällen wird das gesamte Gefieder, das man in die Körperfedern oder das Kleingefieder und in die Schwingen und Schwanzfedern oder das Großgefieder einteilt, 1 Jahr lang getragen. Einige Arten erneuern es zweimal jährlich, und sehr viele wechseln nur das Kleingefieder zweimal, während die großen Flügel- und Schwanzfedern für 1 Jahr stehenbleiben. Bei der sogenannten Mauser, also eben diesem Federwechsel, bildet sich zunächst unter der abgestorbenen Feder tief in der

Haut eine neue, die ihre Vorgängerin herausschiebt, so daß
diese schließlich ausfällt. Ein und dieselbe Papille kann nun
je nach dem Alter des Vogels und nach der Jahreszeit sehr verschiedene Federn bilden, und so erklärt sich der Wechsel des
oft unscheinbaren Kleides, das man auch als Ruhekleid bezeichnet,
in ein sogenanntes Prachtkleid. Diese Umfärbung durch die

Abb. 41. Mausernde Königspinguine (Aptenodytes) mit Jungen.
Sie verlieren alle Federn zugleich, neue sind bereits darunter[1].

Mauser tritt bei manchen Vögeln vor Beginn der Brutzeit ein, bei anderen wird das Prachtkleid nur für kurze Zeit nach Beendigung der
Fortpflanzung abgelegt, wie z. B. bei vielen bunten Entenmännchen.
   In der Regel verläuft die Mauser sehr allmählich, und zwar
nach ganz bestimmten Gesetzen, so daß das Tier nicht etwa
nackt wird oder seine Flugfähigkeit einbüßt. So sehen wir dies
z. B. bei Greifvögeln, Tauben, Papageien, Möwen, Hühnern und
der uns umgebenden Kleinvogelwelt. Während der Mauserzeit
führen die meisten Vögel ein stilles, mehr zurückgezogenes
Leben, da sie ihre ganze Kraft auf die Erneuerung ihres Gefieders verwenden müssen und sich wohl auch etwas behindert
fühlen. Natürlich ist die Mauser keine Krankheit, sondern ein
regelmäßig wiederkehrender physiologischer Vorgang, der aber

____
[1] Vom American Museum of Natural History gütigst zur Verfügung
gestellt.

73

den Stoffwechsel in hohem Maße beeinflußt, namentlich wenn der Federwechsel rasch verläuft.

Da die Befiederung nicht wie die Haare des Säugetieres nur dem Kälteschutz, sondern auch zum großen Teile der Fortbewegung, d. h. dem Fluge dient, so ist die Reihenfolge und die Art und Weise des Wechsels der einzelnen Feder bei den verschiedenen Vogelgruppen recht vielfältig, und es sei hier nur kurz angedeutet, worauf es dabei ankommt. Der einfachste Fall ist bei den Pinguinen verwirklicht (Abb. 41): sie verlieren alle Federn zugleich. So ein Pinguin steht dann ziemlich ruhig auf einer Stelle inmitten eines Walles ausgefallener Federn, und es dauert etwa 14 Tage, bis die gleichmäßig nachwachsende Befiederung wieder so vollkommen ist, daß er ins Wasser gehen kann. Selbstverständlich hungert das vorher recht fette Tier in dieser Zeit. Der Pinguin kann sich diese sehr einfache Mauser deshalb leisten, weil er keine langen Flügelfedern auszubilden hat und sein kurzfiedriges Kleid nur wenig Zeit zum Nachwachsen braucht.

Manche Vogelgruppen verlieren *alle Schwungfedern zugleich* und werden somit für einige Wochen flugunfähig; es sind dies immer solche Formen, die sich in unzugängliche Gegenden wie in Schilf und Moor oder aufs freie Wasser zurückziehen können. Dazu gehören alle Gänse (Abb. 42), Enten und Schwäne, die Alke, Steißfüße und Seetaucher, die Rallen, fast alle Kraniche (Abb. 43a u. 43b), die Flamingos und Schlangenhalsvögel. Es ist sehr bezeichnend, daß der einzige auf der Steppe ohne Deckung lebende Kranich, der Jungfernkranich, ebenso wie die so gut wie nie aufs Wasser gehende Spaltfußgans von ihrer Gruppe eine Ausnahme machen, also immer flugfähig bleiben. Man kann schwer entscheiden, ob der gleichzeitige Abwurf aller Schwungfedern oder die allmählich erfolgende Erneuerung der Schwingen das Ursprüngliche ist; nur so viel sei gesagt, daß der eidechsenartige, in den Juraablagerungen aufgefundene sogenannte „Urvogel" Archaeopteryx (Abb. 1, S. 1) die Flügelfedern allmählich gemausert hat, wie man deutlich auf der Schieferplatte sieht. Er wurde also nicht flugunfähig.

Die Zeit des gleichzeitigen Schwingenwechsels hängt sehr häufig mit der Fortpflanzung zusammen; so werfen bei den nur im weiblichen Geschlecht brutpflegenden Enten die Erpel

ihre Schwungfedern früher ab als ihre Weibchen. Diese tun es
erst dann, wenn die Kinder schon etwas herangewachsen sind.
Bei Schwänen ist es umgekehrt, denn das Weibchen wird bald
nach dem Brüten flugunfähig, das Männchen erst später, wenn
die Gattin von ihren Flügeln schon wieder etwas Gebrauch

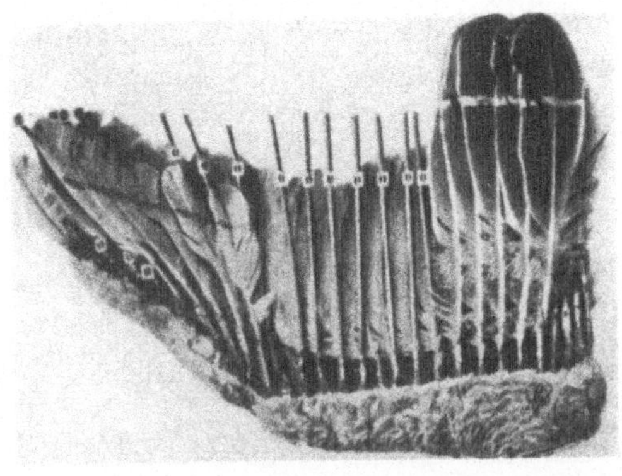

Abb. 42. Gänsemauser. Die frisch ausgefallenen Schwingen
sind auf dem Präparat durch Holzstäbchen ersetzt.

machen kann. Während der recht langsamen Jugendentwicklung
ihrer Kinder können die Eltern hintereinander mausern, so daß
immer einer von beiden zur Führung und namentlich zur Ver-
teidigung der Sprößlinge bereit ist. Die Flugfähigkeit wird dann

Abb. 43 a. Vollflugeliger Kranich. Abb. 43 b. Derselbe Vogel, flugunfähig während der Schwingenmauser. Die neuen Schwingen sind
als kurze Blutkiele sichtbar.

vom Vater und von den Kindern zugleich, also im Spätsommer,
erreicht, und die ganze Familie kann fliegen, wenn der Herbstzug
beginnt.

Neuerdings hat sich gezeigt, daß das zur Brut und Aufzucht
in einer Baum- oder Felshöhle viele Wochen sitzende Nashorn-
vogelweibchen fast alle Federn zugleich verliert, während das
Männchen und die nicht brütenden Weibchen dauernd flugfähig
bleiben. Fast alle Nashornvogelarten haben die Gewohnheit,
den Eingang zur Bruthöhle bis auf einen schmalen Schlitz zu-
zumauern, durch den der Mann sein Weib und die Kinder mit
Futter versorgt. Die Mutter verläßt während der ganzen Brut
und Aufzucht die Höhle nicht, kann also in dem warmen Nest
in ihrer freiwilligen Gefangenschaft den ganzen Federwechsel rasch
erledigen: eine der wunderbarsten Anpassungen der Vogelwelt.

Es ist merkwürdig, daß die Kraniche ihre Schwungfedern
nur alle zwei Jahre abwerfen. Ähnliches scheint außer beim
Uhu sonst in der Vogelwelt kaum vorzukommen.

Die weitaus meisten Vögel mausern ihr Gefieder allmählich;
über die Reihenfolge des Mauserverlaufs der Schwung- und
Schwanzfedern bei dieser Mauserart sei nur so viel gesagt, daß
bei den allermeisten Vögeln die innerste Handschwinge zuerst
ausfällt und dann der Wechsel der übrigen nach der Flügelspitze
hin fortschreitet (Abb. 44). Die Schwingen des Unterarms werden
sowohl von innen nach außen wie von außen nach innen ge-

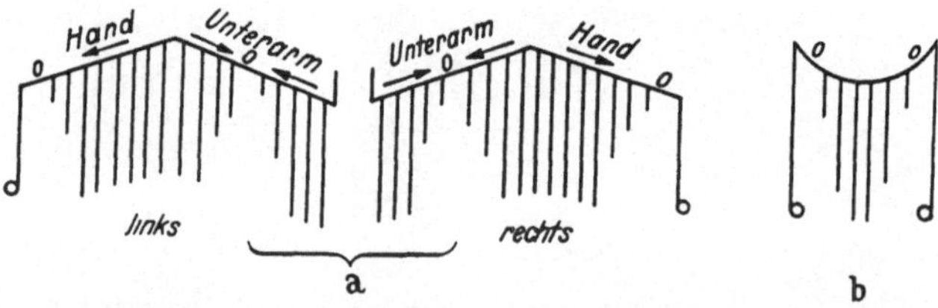

Abb. 44. Schema des Verlaufs der allmählichen Mauser des Groß-
gefieders bei den meisten Singvögeln und vielen andern Vogelgruppen.
a) Mauserschema der Flügel (dargestellt ist die beinahe beendete Mauser,
Ausfall der vorletzten Hand- und der letzten alten Armschwinge).
b) Mauserschema des Schwanzes (Ausfall der zweitäußersten Schwanzfedern). Die Striche mit den Köpfchen am Ende bedeuten alte Federn,
die übrigen neue, und zwar je nach ihrem Heranwachsen in verschiedener Länge. o bezeichnet den Ort, wo soeben eine alte Feder aus-
gefallen ist. Die Pfeile geben die Richtung des Mauserverlaufs an.

wechselt. Der Wechsel der Schwanzfedern erfolgt bei manchen Formen so, daß zunächst das innerste Paar ausfällt und das äußerste erst an die Reihe kommt, wenn die innersten Federn erwachsen sind. Bei anderen ist es genau umgekehrt, und bei wieder anderen fällt eine Feder um die andere aus, und die stehengebliebenen werden erst dann erneuert, wenn ihre Nachbarn so gut wie erwachsen sind.

Merkwürdige Sonderanpassungen finden sich bei Spechten und Baumläufern, wo der Schwanz eine wichtige Stütze beim Klettern darstellt und immer gebrauchsfähig sein muß. Die Federn liegen dabei auf jeder Seite vollkommen übereinander, die innerste natürlich zuoberst, und diese stellt die wichtigste Stütze dar, wie jede Betrachtung eines lebenden Stückes zeigt (s. Abb. 45). Der Specht beginnt die Mauser mit dem zweiten Paar von innen, und ihr Verlauf geht nun allmählich nach außen. Nachdem auch die äußersten durch neue ersetzt sind, fallen die beiden mittleren aus, die nun, da die Körperlast auf den äußeren liegt, unbeschädigt heranwachsen können. Es ist eine sehr beachtenswerte, stammesgeschichtlich schwer erklärbare, aber sehr zweckmäßige, gleichlaufende Anpassung, daß sich die zu den Singvögeln gehörenden Baumläufer genau so verhalten wie die fast erdweit verbreiteten Spechtarten, die sonst keine nähere Verwandtschaft mit den Singvögeln zeigen.

Abb. 45. Mittelspecht. Man beachte den Stutzschwanz. Etwa $^1/_3$ nat. Gr.

Bei denjenigen Greifvögeln, bei denen nur oder fast nur das Weibchen brütet und die kleinen Jungen füttert, wie z. B. beim Sperber und Fischadler, benutzt es diese Gelegenheit der Ruhe, um Groß- und Kleingefieder zu wechseln, während das dauernd Nahrung herbeischleppende Männchen natürlich seine Flugfähigkeit in höchstem Maße beanspruchen muß und somit seine

Schwingen nicht verlieren darf; es erledigt seinen Federwechsel erst dann, wenn die Jungen ausgeflogen sind.

Wie schon erwähnt, können die meisten *Hühnervögel* schon kurze Zeit nach dem Auskriechen aus dem Ei von ihren Flügeln Gebrauch machen (Abb. 46 s. auch Abb. 13 b, S. 11). Ihre Schwingen bleiben durch eine ganz bestimmte Mauserungsweise für alle Zeit im richtigen Verhältnis zur Größe des heranwachsenden Tieres. Zunächst hat das Küken außer den Armschwingen nur 7 bis 8 innere Handschwingen, die bald ihre volle Größe erreichen und den sogenannten Erstlingsflügel bilden. Während nun die äußersten Federn allmählich heranwachsen, werden die inneren, von innen nach außen fortlaufend, durch neue ersetzt, die ein Jahr lang stehenbleiben. Die beiden Federn der Spitze sind dem frühen Alter ihres Trägers entsprechend schmal und spitz, werden aber im Gegensatz zu den übrigen Schwingen vorläufig nicht erneuert, so daß man das junge Huhn bis zum Ablauf seines ersten Lebensjahres als solches von den älteren Tieren unterscheiden kann, bei denen eben diese „Zwischenfedern" dieselbe breite und abgerundete Form haben wie ihre Nachbarn. Hühnervögel haben also eine einmalige Jugendvollmauser mit alleiniger Ausnahme der beiden äußersten Handschwingen.

Abb. 46. 3 tägiger Ährenträger-Pfau, hat bereits stark entwickelte Flügel. ¹/₃ nat. Gr.

Beim *jungen Vogel* sprossen die ersten Federn durchaus nicht am ganzen Körper gleichzeitig hervor, sondern man kann da oft einzelne Schübe, die allerdings nicht immer scharf voneinander getrennt sind, unterscheiden. Es ist ja klar, daß auf der Haut eines unerwachsenen Jungvogels nicht sofort soviel Federn nebeneinander Platz haben wie später; der junge hat also weniger Federn als der alte. Diese ersten dürftigen Federn, die das Jugendkleid darstellen, werden bei manchen Arten schon nach wenigen Wochen durch neue ersetzt, die bisweilen ganz anders aussehen und häufig in der Färbung dem endgültigen Alterskleid entsprechen. In diesen Gefiederwechsel sind bei manchen Formen die Schwingen und Schwanzfedern nicht mit einbezogen, wie z. B. bei unseren Finken und Drosseln, die diese Gebilde also 1 Jahr lang tragen, bei Kranichen sind es sogar, was die Schwingen angeht, 2 Jahre. Andere wieder erneuern in den ersten Monaten ihres Lebens ihr gesamtes Kleid, also auch Schwingen und Schwanzfedern, die dann bisweilen länger, anders gefärbt und vollkommener sind als die ersten: unter den heimischen Sperlingsvögeln gehören in diese Gruppe die Sperlinge, Lerchen, der Grauammer, die Schwanzmeise, der Star, die Bartmeise und der Schneefink. Außerdem verhalten sich die Tauben- und Spechtarten ebenso. Man pflegt das als frühe Jugendvollmauser zu bezeichnen.

Bei den meisten Vögeln erstreckt sich jährlich *eine* Mauser immer über alle Federn: man nennt diese Vollmauser. Bekanntlich gibt es auch Formen, die außer der Vollmauser noch eine Teilmauser haben. Wenn ein Vogel die Schwingen und Schwanzfedern, also das Großgefieder, wechselt, so erneuert er wohl auch immer alle übrigen Federn, nicht aber umgekehrt.

Ausgerissene Federn wachsen bei den meisten Vögeln sofort nach, d. h. die Wachstumspapille stellt sich in kürzester Zeit auf Neubildung einer Feder um; es dauert natürlich einige Tage, bis der sogenannte Blutkiel, in dem sie sich entwickelt, die Haut durchbricht, und es kommt auf die Länge der Feder an, wann sie erwachsen ist. Wie rasch eine Großgefiederfeder wächst, ist schon auf S. 68-69 erwähnt.

Mauserzeit und Wanderung stehen oft in Beziehung zueinander: so haben unsere drei weit nach dem Süden ziehenden Würgerarten eine sich über das ganze Gefieder erstreckende Mauser um die Jahreswende in Afrika, der Stand- und Strichvogel Raubwürger erneuert dagegen seine sämtlichen Federn nach der Brutzeit bei uns etwa im August.

Natürlich beruht, wie immer in der tierischen Entwicklung, nicht alles bei der Mauser auf Zweckmäßigkeit, sondern vieles ist sicher nur stammesgeschichtlich begründet; so geht die Mauser der Handschwingen bei fast allen ihr Großgefieder allmählich erneuernden Vögeln so ziemlich „über einen Leisten“, einerlei ob es sich um einen Dickicht durchschlüpfenden Zaunkönig oder um den tage- und wochenlang über den Wogen der südlichen Weltmeere segelnden Albatros handelt, und es mutet eigentümlich an, daß die gewandt und pfeilschnell fliegende Knäkente durch gleichzeitigen Schwingenabwurf 4 Wochen an den Platz gebannt ist, während ihr Nachbar, die finstere, aus dem dichten Rohrbestand kaum aufzutreibende, wehrhafte Rohrdommel, stets flugfähig bleibt.

15. Farbenmuster und Umfärbung

Wenn eine Feder gar keinen Farbstoff enthält, so ist sie weiß, ebenso wie ein farbloses Haar; das kommt daher, daß sich innerhalb der Hornschicht, aus der diese Gebilde bestehen, viele kleine luftgefüllte Hohlräume befinden, so, wie uns der Schaum einer wasserklaren Flüssigkeit weiß erscheint. Für gewöhnlich enthält nun ein großer Teil der Federn noch bestimmte Farbstoffe. Meist sind nur die sichtbaren Federteile farbig, die unsichtbaren, unter der Oberfläche des Gefieders versteckten, also namentlich die Daunen und die unteren Federhälften, weißlich oder trüb und einförmig grau. Daraus erkennt man, daß die Farbe und das Zeichnungsmuster sicher irgendeine Bedeutung für ihren Träger haben müssen.

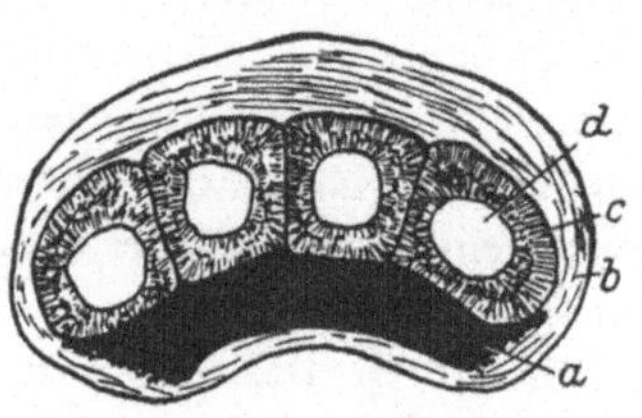

Abb. 47. Schematischer Durchschnitt durch ein blaues Federfahnenästchen, stark vergrößert. Kästchenzellen sind von einer dunklen Farbschicht *a* unterlagert und das Ganze von einer farblosen Rindenschicht *b* umschlossen. Die Kästchenzellen haben dicke, von feinen Luftkanälchen durchzogene Hornwände *c*, die einen luftgefüllten Innenraum *d* umgeben.

Die Farbe eines Vogels, sei es nun eine trübe Bodenanpassung, wie bei der Lerche, oder das Prachtkleid eines Fasans, kann in verschiedener Weise zustande kommen. Schwarze Töne werden durch Einlagerung des sogenannten Eumelanins, rötliche oder gelbliche durch Phäomelanin erzeugt. Leuchtend gelbe, gelbrote oder rote Farben werden durch Lipochrome (Fettfarbstoffe) hervorgerufen. Blau ist in den meisten Fällen eine sogenannte Strukturfarbe, die dadurch entsteht, daß lufterfüllte farblose

80

„Kästchenzellen" mit durch Kanälchen getrübten Wänden auf dunklem Untergrunde liegen (Abb. 47); ist die obere Hornschicht (*b*) gelb, so wirkt die Feder in der Aufsicht grün; man sieht also das Blau durch eine Gelbschicht. So ist es beispielsweise bei dem gewöhnlichen grünen Wellensittich der Fall. Fehlt diesem durch menschliche Zuchtwahl das übergelagerte Gelb, so sieht der Vogel blau aus. Ist die für das Blau nötige dunkelbraune Unterschicht nicht vorhanden, so wirkt er gelb, und beim weißen Wellensittich fehlt beides. Enthält die obere Rindenschicht b roten Farbstoff, dann erscheint die Feder purpurfarben oder violett. Wird eine blaue Feder völlig von Wasser durchtränkt, so daß die Luft aus den Kästchenzellen verschwindet, so wirkt sie schwärzlich, ebenso wenn man sie von der Rückseite gegen das Licht ansieht; und wenn sich ein grüner Papagei völlig durchnäßt, so sieht er graubraun aus. Dasselbe geschieht, wenn man, etwa mit einem Hammerschlag, die Kästchenschicht zerstört. In ganz vereinzelten Fällen wird Grün auch durch ein bestimmtes Lipochrom erzeugt; für unsere heimische Vogelwelt kommt hierfür nur das eigentümliche Moosgrün am Hinterkopfe des Eidererpels in Frage.

Bei den Schillerfarben, z. B. des Pfaus, des Spiegels vieler Enten und bei dem Grünblau des Eisvogels, handelt es sich um sogenannte Interferenzfarben, die durch farblose, ganz dünne (d. h. Bruchteile eines tausendstel Millimeters), in bestimmter Weise gebogene Federblättchen erzeugt werden; man denke an die Haut einer Seifenblase, die immer dünner und dünner wird und dann das bekannte Farbenspiel zeigt. Unter diesen Blättchen liegt meist ein dunkler Farbstoff, der den Glanz der Farben noch erhöht.

Die Einlagerung von dunklem Farbstoff macht die Feder haltbar; so erklärt es sich, daß die großen Schwingen fast aller Vögel schwarz oder graubraun sind. Man denke an den Storch, der bis auf seine schwarzen Flügel ein weißer Vogel ist; ebenso ist es bei der Schneegans. Allerdings bilden der Schwarze Schwan und 2 Sattelstorcharten sowie der zu den Nashornvögeln gehörende schwarze Hornrabe mit ihrer „Verkehrtfärbung" eine merkwürdige Ausnahme. Ist eine der Abnutzung stark ausgesetzte Feder hell und dunkel gemustert, so fallen mit der Zeit die gelblichen oder weißen Stellen völlig aus, wie man dies am Brachvogel, der Trappe, dem Rücken des Pfaus, vielen Möwen- und Greifvogelfedern (Abb. 48) sieht. Manche Vögel machen sich diese Tatsache geradezu zunutze, indem ihr frisches Gefieder weiße Federspitzen und Saume trägt, die bis zum Frühjahr abgerieben sind, so daß die Tiere dann gegen die Brutzeit hin ein Prachtkleid durch Schäbigwerden ihres Anzugs anlegen. Die Kehle des Haussperlings (Abb. 49) und die Rotfärbung des Hänflings sowie das Frühjahrskleid des Stars sind schöne Beispiele dafür; beim alten Hänflingsmännchen ist nämlich bei dem im Spätsommer angelegten neuen Kleide das schöne Rot auf Kopf und Brust schon in den gröberen Federästen vorhanden, wird aber durch die fei-

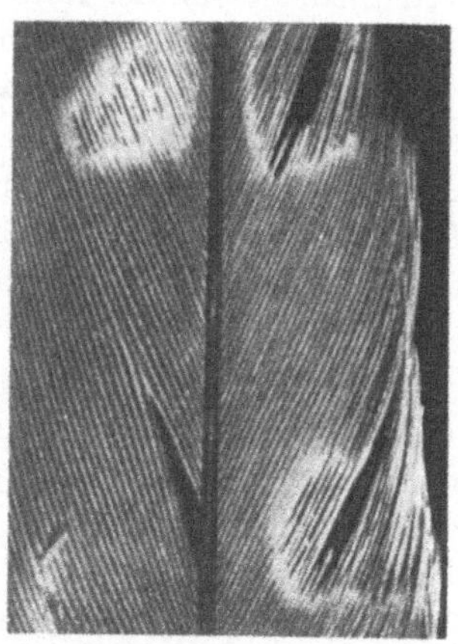

nen, graugelben Federstrahlen so überdeckt, daß man nichts davon ahnt. Diese feinen Strahlen werden im Laufe des Winters abgescheuert, so daß dann das Rot in Erscheinung tritt.

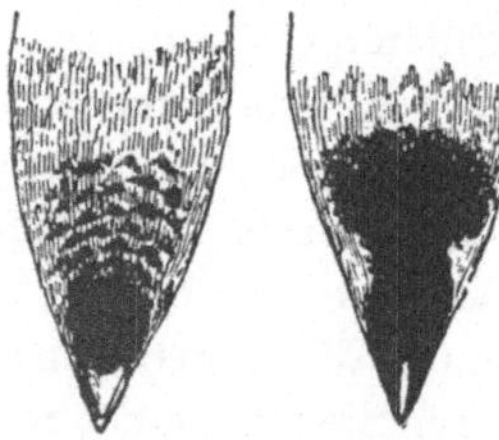

Abb. 48.
Abgenutzte helle Stellen einer Falkenschwanzfeder. (Vergr.)

Abb. 49. Links frisch vermauserte, rechts abgenutzte Kehlbefiederung des Haussperlingsmännchens.

Im Anschluß an diese natürliche Abnützung der Vogelfeder sei erwähnt, daß auch durch Krankheit ähnliche dünne Stellen hervorgerufen werden können. Erkrankt ein Vogel während der Mauser oder während des Jugendwachstums für kurze Zeit, so treten in den sprossenden Federn leicht Mißbildungen ein: das Wachstum der feinsten Fiederchen (Federstrahlen) unterbleibt, und es entstehen dann sogenannte „Federscharten" (Abb. 50), die bei Straußenzüchtern sehr gefürchtet sind.

Häufig kommt es im Laufe des Jahres zu einer Ausbleichung der Farbstoffe; schwarze Federn können dann bräunlich, braune isabellfarbig werden. Bei grünen Federn mancher Arten, z. B. des Bienenfressers, bleicht der oberflächliche gelbe Farbstoff so weit aus, daß das Blau zutage tritt. Das merkwürdige Fahlrot der Trappendaunen verschwindet unter dem Einfluß des Sonnenlichtes etwa ebenso schnell, wie sich Kopierpapier bräunt, und macht einem Grauweiß Platz. Solange die Daune, wie es beim lebendigen Vogel oder seinem toten Balge der Fall ist, unter dem Großgefieder steckt, tritt diese Erscheinung nicht ein. Die lachsrote Tönung am Bauchgefieder des alten männlichen Gänsesägers bleicht nach dem Tode des Vogels unter Lichteinwirkung außerordentlich rasch aus, obgleich Fettfarbstoff in den Hornteilen der Feder eingeschlossen ist und ihm nicht etwa nur äußerlich anhaftet. Gefangengehaltene Stücke dieser Art scheinen ihn auch bei der besten Verpflegung nicht zu bekommen, ebensowenig haben ihn alte Weibchen und Jungvögel beiderlei Geschlechts in der Freiheit, obgleich sie ja dieselbe Lebensweise

Abb. 50. Federscharten im Schwanze einer Amsel. (Sie wurde beim Verlassen des Nestes gegriffen, als die Federn erst $^1/_4$ ihrer Länge erreicht hatten; dann wurde sie einige Tage schlecht verpflegt, und in dieser Zeit entstanden die Scharten. Später verlief das Wachstum der Federn wieder regelrecht.)

führen wie ihre Väter und Männer. Bei all diesen Farbabänderungen der fertigen Feder handelt es sich um eine Verminderung der Färbungsdichte, und niemals kommt eine Umfärbung durch Zufluß neuer Farbstoffe zustande, wie man dies früher glaubte. Eine scheinbare Ausnahme macht der Kuhreiher, dessen rostgelbe Kopf- und Rückenfedern bei der Mauser durch weiße ersetzt werden; hier bildet sich mit der Zeit, vielleicht unter dem Einfluß des Lichtes, ein körniger bräunlicher Niederschlag in der Feder, der ihr erst nachträglich ihre Färbung verleiht, wenn sie schon den lebenden Zusammenhang mit dem Körper aufgegeben hat und als totes Gebilde in der Haut sitzt.

Gerade das Rot, also ein Fettfarbstoff, erweist sich als besonders empfindlich und verschwindet bei vielen Vögeln in der Gefangenschaft, d. h. er wird bei der Mauser nicht wieder gebildet. Man findet diesen Übelstand durchaus nicht nur beim Hänfling, beim Kreuzschnabel und anderen Finkenvögeln, sondern auch bei den nordamerikanischen Tangaren, beim südamerikanischen Roten Sichler, einer Ibisart, und bis zu einem gewissen Grade auch bei dem prächtigen nordamerikanischen Roten Kardinal. Dagegen erhält sich das Rot in seiner vollen Schönheit bei der südamerikanischen Purpurtangare, bei roten Papageien, beim Kopfe des Grau-Kardinals und vielen anderen. Vogelliebhaber sind oft der Ansicht, daß dem Verblassen Mangel an Sonne und frischer Luft zugrunde läge, dies ist aber durchaus irrig, denn man kann die ersterwähnten Formen in den größten und völlig freistehenden, allen Witterungseinflüssen ausgesetzten Flugkäfigen halten, und ihr Rot schwindet bei der nächsten Mauser genau so dahin wie das ihrer Artgenossen, die in kleinem Käfig in einer halbdunklen, schlechtgelüfteten Stube leben. Das Licht kann ja schon deshalb auf die Färbung der keimenden Feder keinen Einfluß haben, weil sie sich im Dunkeln unter dem Gefieder entwickelt. Es scheint, daß der Mangel an gewissen Vitaminen, meist wohl bestimmten Vorstufen des Karotins, und bei nach den Geschlechtern verschieden gefärbten Arten auch der Mangel an Geschlechtshormonen für das Wegbleiben des Rots ausschlaggebend ist. Es handelt sich also hier in vielen Fällen wohl um eine Ernährungsfrage. Diese Vermutung hat sich inzwischen für die in Zoologischen Gärten gehaltenen Flamingos bewahrheitet, deren Rotfärbung mit der nächsten Mauser auszubleichen pflegt; man kann sie aber durch Beigabe von Karotinoiden und ähnlichen Stoffen zum Futter erhalten.

Die Zeichnung, d. h. die Färbung und Musterung der einzelnen Feder, pflegt immer so eingerichtet zu sein, daß sie mit den Nachbarfedern zusammen eine ganz bestimmte Streifung, Fleckung, ein Rindenmuster, ein besonders prächtiges Feld oder ähnliches ergibt, was für den Vogel offenbar von Bedeutung ist. Wenn z. B. eine Körperstelle weiß mit schwarzen Binden ist, so brauchen da durchaus nicht abwechselnd Kränze von schwarzen und weißen Federn zu stehen, sondern die scharfe Abgrenzung der Streifen geht über verschiedene Federn hinweg, die dann im einzelnen oft unsymmetrisch und an ganz verschiedenen Stellen schwarz oder hell gefärbt sind (s. Abb. 51 a und 51 b).

Abb. 51 a. Felsentaube, Stammform der Haustaube. Etwa ¹/₆ nat. Gr.

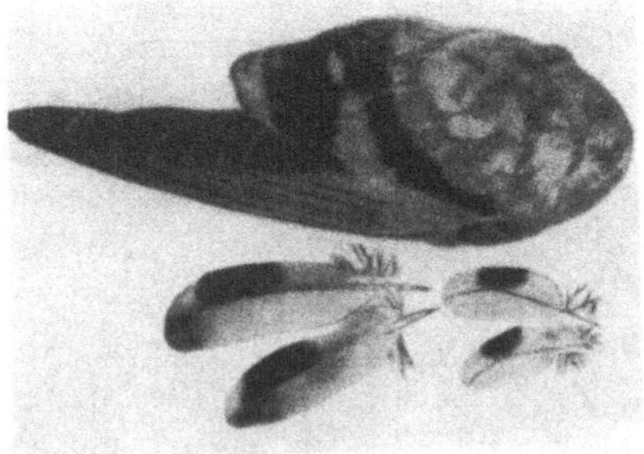

Abb. 51 b. Rechter Flügel einer wildfarbigen Haustaube. Darunter einzelne Federn aus den Binden des linken Flügels.

Ein Stockerpel hat einen grünschillernden Kopf und Oberhals, ein weißes, hinten nicht ganz geschlossenes Halsband und eine kastanienbraune Vorderbrust. Sieht man sich nun die Federn genauer an, so findet man, daß von oben nach unten zunächst rein grüne Schillerfedern, dann Schillerfedern mit weißer Spitze, dann rein weiße Federchen, dann weiße mit brauner Spitze und schließlich vollständig braune kommen; dabei ist, wie wir schon einmal andeuteten, die Färbung meist nur auf die von außen sichtbare Spitzenhälfte beschränkt, wurzelwärts finden sich trüb gefärbte, mehr daunige Gebilde. Das Färbungsmuster ist auf die einzelnen Federn so verteilt, als bemalte man einen weißen Vogel künstlich in der Weise, wie er für gewöhnlich aussieht; dann würde jede Feder an der richtigen Stelle die ihr zukommende Farbe abbekommen. Es drängt sich einem die Vorstellung auf, daß eine Vogelart aus irgendeinem Grunde so oder so gefärbt oder gemustert sein muß; wie das die einzelne Feder zuwege bringt, ist gewissermaßen ihre Sache, scherzweise hat man das „Psychologie der Vogelfeder" genannt. Wir stehen hier vorläufig noch vor einem ganz ungelösten Rätsel der Natur.

Im einzelnen sei bei dem Federmuster noch bemerkt, daß z. B. die Rindenzeichnung unabhängig von der Größe der Einzelfeder fast immer in derselben Weise, d. h. mit denselben Abständen der Zeichnungsbänderung, wiedergegeben wird, so daß also der Eindruck von Rinde immer richtig gewahrt bleibt, ganz einerlei ob es sich um einen kleinen oder einen großen Vogel handelt. Natürlich kommen dabei immer nur die Teile in Frage, die in der Ruhestellung des Tieres sichtbar sind, wie es bei vielen schutzgefärbten Insekten auch der Fall ist. Das letztere gilt auch von Wüstenvögeln: sie sehen bei geschlossenen Flügeln gewöhnlich rötlich sandfarbig aus, jedoch sind Schwingen und Schwanz bei der Entfaltung häufig leuchtend schwarz und weiß. Vielleicht handelt es sich dabei um Arterkennungsmerkmale (Abb. 52).

Bekanntlich gibt es Vogelarten, bei denen das Jugendkleid nicht wesentlich anders aussieht als das Federkleid der Eltern, und außerdem Vögel, bei denen die Geschlechter äußerlich nicht zu unterscheiden sind. Aber es kann auch in anderen Fällen das Umgekehrte gelten. Man denke z. B. einerseits an Gartengrasmücken oder Graugänse und andererseits an Wildenten, Fasane und Pfauen; bei den letzteren ähneln die erwachsenen Jungen zunächst der Mutter, und die Söhne bekommen nach der ersten oder zweiten, ja gar nach der dritten Mauser das väterliche Kleid. Nun ist nicht gesagt, daß die verschiedene Färbung der Geschlechter sich immer erst im Alter ausbilden muß, denn bei den meist papuanischen sogenannten Edelpapageien (Eclectus) sind die Männchen schon im Neste grün und die Weibchen rot und behalten diese Farben für das ganze Leben. Neuere Versuche und Beobachtungen haben ergeben, daß viele der männlichen sogenannten Prachtkleider nicht unmittelbar mit den Geschlechtsdrüsen zusammenhängen. Das geht daraus hervor, daß kastrierte Männchen bei jeder folgenden Mauser wieder ihr Prachtkleid anlegen, das bei den männlichen Enten auch regel-

Abb. 52. Sich streckender Triel (Burhinus oedicnemus). Man beachte die auffallende Flugelzeichnung im Gegensatz zur sonstigen Schutzfarbung der Oberseite.

mäßig durch das unscheinbare Sommerkleid unterbrochen wird. Nimmt man dagegen z. B. einem Fasanenweibchen den Eierstock, so bekommt es mit der folgenden oder zumindest mit der übernächsten Mauser das prächtige Kleid des Hahnes, wird also hahnenfiedrig und ist von diesem nur durch geringere Größe und den Mangel an Sporen zu unterscheiden. Daraus geht hervor, daß der geschlechtslose Vogel als Endkleid das männliche Prachtkleid anlegt, was aber bei den Weibchen durch die Ausbildung des Eierstocks unterdrückt wird. Sie brauchen eben zum Brüten und Führen ihre bodenfarbige Schutzfärbung. Für Säugetiere gelten diese Verhältnisse nicht. Besondere Brunstgebilde entstehen bei geschlechtslosen Vögeln natürlich nicht: so schwillt dem Kapaun niemals der Kamm, ja er bildet sich sogar etwas zurück, aber auch die in der Blüte ihres Geschlechtslebens stehende Henne zeichnet sich vor den nicht legenden und vor den Poularden, also ihren kastrierten Genossinnen, durch ein besonders schönes Rot im Kamme aus.

Bei solchen bunt gefärbten Vogelarten, wo das Brutgeschäft und auch die Aufzucht der Jungen in Höhlen vor sich geht, steht nichts im Wege, daß auch das Weibchen so bunt oder fast so bunt wie das Männchen ist. Man denke dabei an Meisen, Spechte, Brand- und Rostgänse (Tadorna und Casarca). Es ist beachtenswert, daß höhlenbrütende Entenvögel sich weiße Daunen leisten können (s. Abb. 14a u. b, S. 11), während die der offenbrütenden Verwandten eine graubraune Schutzfärbung haben; ein schönes Beispiel dafür ist der höhlenbrütende Gänsesäger (Mergus merganser) gegenüber dem naheverwandten, sein Nest unter Gesträuch anlegenden Mittelsäger (Mergus serrator) (s. Abb. 53).

Es gibt Vögel aus den verschiedensten Gruppen, die besonders geformte Federn zur Erzeugung von Tönen haben, hauptsächlich spielen dabei stark verjüngte Handschwingen, sogenannte Schallschwingen, eine Rolle. So führt die Schellente nicht umsonst ihren Namen, denn beim mehrjährigen, also ausgefärbten und fortpflanzungsfähigen Erpel wird während des Fliegens durch die schmale äußerste Handschwinge ein vom Fluggeräusch aller anderen Enten abweichendes, klingelndes Pfeifen erzeugt. In noch höherem Grade gilt dies für den Trauer-Erpel (s. Abb. 54).

Bei der australischen Schopftaube hat die dritte Handschwinge die Aufgabe des Pfeifens; wird sie gerade beiderseitig gemausert, so fällt die Tonerzeugung weg.

Merkwürdig ist das laute Pfeifen, das die unscheinbar gefärbte Javanische Pfeifgans im Fluge hervorbringt. Es wird durch einen eigenartigen Vorsprung an der Innenfahne der äußersten Handschwinge erzeugt (s. Abb. 54d). Den anderen Baumentenarten fehlt diese absonderliche Federbildung, und sie fliegen demnach auch ohne bezeichnendes Fluggeräusch. Dafür werden aber, wenn sie die Flügel öffnen, weithin auffallende Abzeichen bemerkbar, außerdem pflegen sie im Fluge laut zu rufen. Bei gesellig und namentlich in der Dämmerung

Abb. 53. Links weiblicher Gänsesäger; rechts weiblicher Mittelsäger. Beide halbseitig gerupft, um die Nestdaunen freizulegen. Die ungerupften Hälften sind einander zugekehrt. Der Gänsesäger als Höhlenbruter hat weiße, der Mittelsäger als Offenbrüter dunkle Daunen.

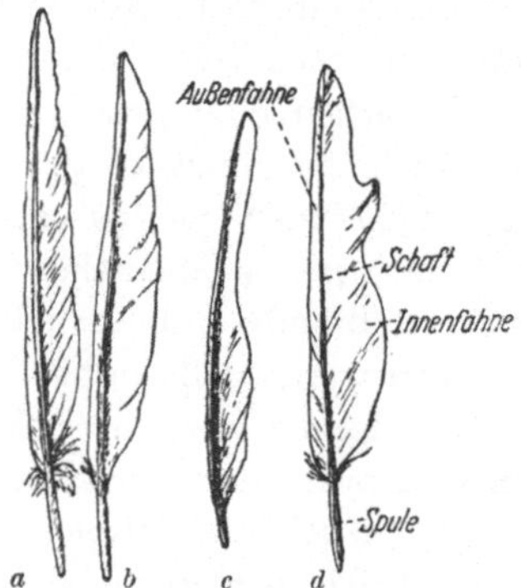

Abb. 54. a Erste Handschwinge (Schallschwinge) des alten Schellerpels. b Dieselbe Feder eines Weibchens. c Dieselbe Feder (Schallschwinge) des Trauererpels. d Dieselbe Feder (Schallschwinge) der javanischen Pfeifgans (zugleich Angabe der einzelnen Federteile).

fliegenden Arten ist es für das einzelne Stück natürlich wichtig, den Anschluß an die anderen nicht zu verfehlen, und der Trupp hält sich durch helle Farben, bestimmte Fluggeräusche oder

Töne (Stimmfühlung) zusammen. Ein schönes Beispiel dafür, wie das Zusammenhalten durch Töne auf ganz verschiedene Weise erreicht werden kann, stellen Höcker- und Singschwan dar. Bei dem nordischen Singschwan beschreibt die Luftröhre eine lange Schleife innerhalb des hohlen Brustbeins (Abb. 55); bei dem Höckerschwan verläuft sie von der Lunge bis zum Zungenansatz gerade, und er hat keine nennenswerte Stimme, weshalb er auch, wennschon mit Unrecht, der Stumme Schwan heißt. Der Singschwan ist sehr stimmbegabt, wie ja sein Name sagt, und die ziehenden Reihen halten sich durch Trompetentöne zusammen. Dafür hat der bei uns beheimatete Höckerschwan einen wunderbaren Flugklang, d. h. ein sausend-pfeifendes Fluggeräusch, das den, der es zum erstenmal hört, geradezu verblüfft, denn es ist mehrere hundert Meter weit vernehmbar. Die Ursache dieses Sausens ist noch unklar, denn besonders gebaute Schwungfedern, also Schallschwingen, findet man beim Höckerschwan nicht, sein Flügelschlag gleicht äußerlich dem des Singschwans, dessen Flügelschlag kein wesentliches Fluggeräusch erzeugt.

Auch die Schwanzfedern können zur Ton-

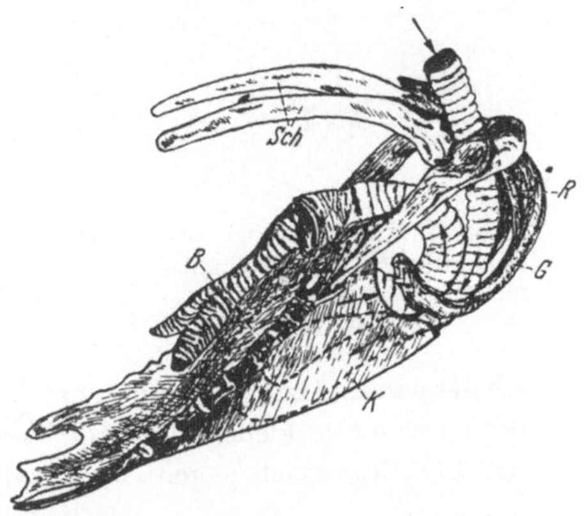

Abb. 55. Verlauf der Luftröhre im Brustbein des Singschwans. K = Brustbeinkamm, R = Rabenschnabelbein (Coracoid), G = Gabelbein, Sch = Schulterblatt, B = blasige Vorwölbung der Brustbeinplatte nach innen.

erzeugung benutzt werden, wofür in unserer Heimat die Bekassine das bekannteste Beispiel ist. Die „meckernde" Bekassine, auch Himmelsziege genannt, beschreibt reißenden Fluges in beträchtlicher Höhe über ihrem Brutgebiet Kreise, unterbrochen durch schräge, 2 bis 3 Sekunden lange Abstürze; während dieser wird der Schwanz ausgebreitet, werden die Flügel ausgestreckt und in zuckende Bewegungen versetzt, wobei das eigenartige, etwas meckernd klingende „Whuwhuwhuwhu" ertönt. Mancher, der in der

Dämmerung im Frühling und Vorsommer durch den Sumpf geht, kann sich diese sonderbare Musik, die wohl zu manchen Schauermärchen Veranlassung gegeben hat, nicht erklären. Der Ton wird durch Erzittern der seitlichen Schwanzfedern bewirkt, die schmaler sind als die inneren; die Tonschwebungen entstehen durch die Zuckungen der Flügel. Bei den weiter östlich, also in Sibirien lebenden Formen der Bekassine sind die äußeren Schwanzfedern noch ganz besonders umgebildet (s. Abb. 56), und der von ihnen erzeugte Ton ist noch lauter und länger.

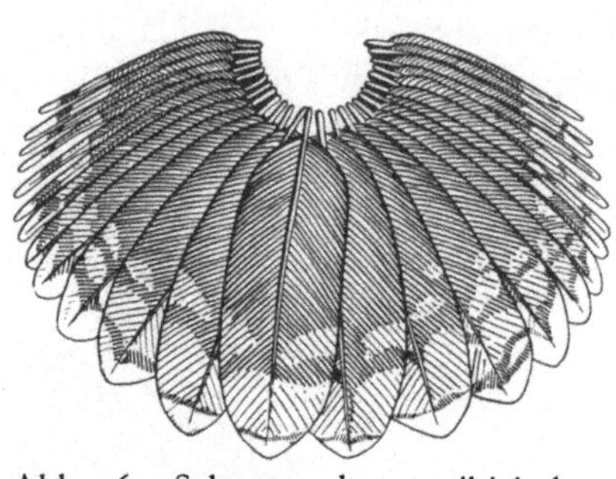

Abb. 56. Schwanz der ostsibirischen Bekassine (Gallinago megala). Die äußeren, stiftförmigen Federn sind im Balzfluge tonerzeugend.

16. Gefiederpflege

Ein so hoch entwickeltes Gebilde wie die Feder braucht bedeutend mehr Pflege als das Haar des Säugetieres. Es sei voraus bemerkt, daß der Vogel nicht, wie z. B. wir selbst, auf der ganzen Haut Talgdrüsen hat; ihre Absonderung würde wohl das Gefieder verkleben, ebenso fehlen ja auch Schweißdrüsen, so daß der Vogel sich gegen Überhitzung so wie der Hund durch Hecheln schützen muß (s. Abb. 37, S. 68). Eine paarig angeordnete, sehr große Fettabsonderungsdrüse ist die sogenannte Bürzeldrüse des Vogels, die namentlich bei Wasservögeln sehr entwickelt ist. Ihre Absonderung entnimmt der Vogel mit dem Schnabel (Abb. 57) und verreibt das Fett im Gefieder; zuletzt wird noch der Kopf über Bürzeldrüse und Gefiederfläche hinweggeführt, und manche Arten, namentlich Sperlingsvögel, benutzen auch noch die Krallen, um das am Schnabel klebende Fett dem Kopf-

Abb. 57. Schwarzstorch, aus der Bürzeldrüse Fett entnehmend. Etwa $^{1}/_{13}$ nat. Gr.

gefieder weiterzugeben, eine Handlung, die so blitzschnell geschieht, daß schon eine gewisse Vorkenntnis dazu gehört, um ihre
Bedeutung zu erkennen. Manchmal trägt der Ausführungsgang
der Bürzeldrüse ganz besondere Pinselfedern, die wie ein Docht wirken. Das Einfetten geschieht namentlich nach dem Baden und ist
natürlich dazu da, den Vogel vor Durchnässung bei Regen zu
schützen. An gefangenen Vögeln kann man die Beobachtung machen, daß solche, die lange nicht gebadet haben, viel nässer werden
als solche, die häufig mit Wasser in Berührung kommen. Nun gibt
es aber noch einen andern Weg, das Gefieder wasserfest und sauber
zu erhalten: die Einpuderung. Manche Vögel haben besondere
Puderdaunenfelder (Abb. 58), bei anderen wird von der wachsenden Feder, namentlich den Daunen, fortwährend etwas Puder

abgesondert, der aus sehr feinen
Hornplättchen besteht, die nur
ein tausendstel Millimeter und
weniger messen. Diese verteilen
sich durch das ganze Gefieder
hindurch und sind für Wasser
unbenetzbar. Man sieht dies sehr
schön, wenn z. B. ein Reiher oder
auch eine Taube badet; sofort
ist die Oberfläche in der Umgebung mit einer feinen grauen
Schicht schwimmenden Puders
bedeckt. Reiher benutzen ihre
äußerlich unsichtbaren Puder-
daunenpolster an der Brust übrigens ebenso wie andere Vögel

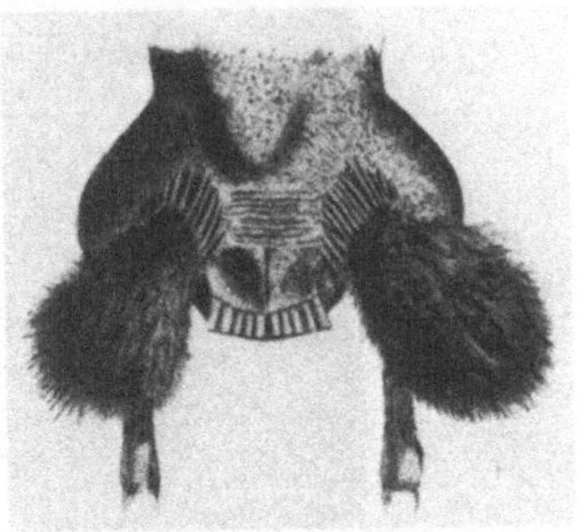

Abb. 58. Gerupfter Hinterrücken
eines australischen Schwalms
(Ziegenmelkerform).
Gewaltige Puderdaunenentwick-
lung bei Fehlen der Bürzeldruse.
$^1/_3$ nat. Gr.

ihre Bürzeldrüse; sie reiben ihren Schnabel darin und putzen
dann ihr Gefieder. Man kann im allgemeinen sagen, daß
Vögel mit stark entwickeltem Puder keine oder fast keine
Bürzeldrüse haben. Bei Wasservögeln ist die Bürzeldrüse immer
sehr entwickelt, bei den Straußartigen, einigen Papageien und
Taubenarten sowie bei den Trappen und einigen wenigen anderen fehlt sie ganz.

Viele Vögel, und zwar wohl die meisten, baden im Wasser, sei
es, daß sie sich dabei hineinstellen, sei es, daß sie dem Regen durch

Wenden und Drehen Gelegenheit geben, auch an versteckte
Stellen des Gefieders zu gelangen (Abb. 59), oder indem sie unter
Badebewegungen durch nasses Gras oder über nasse Blätter
dahinhuschen. Andere Formen, und zwar namentlich Wüsten-
und Steppenbewohner, nehmen ausschließlich Staubbäder, wie
z. B. Lerchen, Hühner, Trappen und Flughühner (Pterocletes),
und wieder andere reinigen ihre Federn sowohl im Wasser wie im
Sand oder Staub, wie wir dies an Sperlingen täglich sehen können.
All diese Bäder haben sicherlich nicht nur den Zweck der Reini-
gung im menschlichen Sinne, sondern tragen wohl auch zur Be-
seitigung der Federschmarotzer bei, die in einer großen Zahl von
Arten im Gefieder vieler Vögel vorkommen.

Abb. 59. Zahme Waldohreule gibt sich dem Sprühregen
eines Brausebades als Regenersatz hin.

Ähnlich wie die Badeweise ist auch das Kratzen des Kopfes mit
den Fußkrallen eine angeborene Handlung, die jeder Vogel in
stammesgeschichtlich ererbter, für seine Gruppe bezeichnender
Form ausführen muß. Es gibt nämlich im wesentlichen zwei
Arten des Kratzens, und zwar „vornherum" und „hintenherum"
(Abb. 60a und b). Die Kratzweise gibt dem Kundigen manchen
Hinweis für die stammesgeschichtliche Zusammengehörigkeit
oder Nichtverwandtschaft der einzelnen Vogelgruppen; hierfür
ein Beispiel: die für den Fernerstehenden so ähnlichen altwelt-
lichen Nashornvögel und neuweltliche Tukane, die beide durch

92

riesige und zum Teil sehr bunte Schnäbel ausgezeichnet sind und sich auch in der Bewegungsweise sehr gleichen, zeigen uns ihre Nichtzusammengehörigkeit — ohne genauere anatomische Untersuchung — durch ihre Art des Kopfkratzens an: Tukane kratzen sich vornherum, Nashornvögel hintenherum.

Hinter dem Flügel herum kratzen sich alle Singvögel und Verwandte sowie die eigentlichen Regenpfeifer, vornherum fast alle übrigen Vögel wie Tauben, Hühner, Störche, Möwen usw.

Wie man schon aus diesen Beispielen sieht, ist die verschiedene Kratzweise durchaus nicht etwa an Kurz- oder an Langbeinigkeit gebunden, auch nicht an das Astumklammern oder an

Abb. 60a. Storch, kratzt sich „vornherum".

Abb. 60b.
Skizze eines Stelzenläufers (Himantopus),
kratzt sich „hintenherum".

das Stehen auf dem Boden; es spielen da, wie schon erwähnt, stammesverwandtschaftliche Verhältnisse eine Rolle.

Die meisten Vögel *schütteln sich* sehr ausgiebig. Dabei wird das gesamte Kleingefieder zunächst gleichmäßig und ziemlich langsam gesträubt (Abb. 61a u. b), das Schütteln beginnt am Körper und setzt sich dann gewöhnlich über den Hals nach dem Kopfe zu fort. Bei Eulen ist der Verlauf umgekehrt. Der Schüttelreiz wird nicht nur durch Fremdkörper, sondern im allgemeinen dadurch verursacht, daß Federn durch eine Berührung aus ihrer Lage gekommen sind, was wohl auf der Haut eine unangenehme Empfindung verursachen mag. Mit einem Ruck ist der Vogel dann wieder schmuck und ordentlich.

Das Sichschütteln ist als eine Reflexhandlung aufzufassen, da es von allen Stücken, und zwar von Anfang an und ohne Vorbild

gleichmäßig ausgeübt wird, jedoch kann der Reflex durch andere
Reize unterdrückt werden. Hat man einen scheuen Vogel in der
Hand gehabt und setzt ihn in einen Käfig, so klemmt er zunächst in

Abb. 61a. Pinguin mit glatt
angelegtem Gefieder
(Normalhaltung).

Abb. 61b. Pinguin, sich schut-
telnd; dabei straubt er das ganze
Gefieder.

seiner Angst lange Zeit die Federn knapp an, dann überläuft ein
leichtes Sträuben des Kleingefieders ab und zu den Körper und
deutet an, daß das Tier in Schüttelstimmung ist, nur wagt es
nicht, sie in die Tat umzusetzen. Erst wenn es sich völlig beruhigt
hat, schüttelt es sich öfter und ausgiebig, bis das Wohlgefühl gut-

Abb. 62. Waldohreule,
sich einseitig streckend.

Abb. 63. Sich nach oben streckende
Zwergrohrdommel (Ixobrychus).

sitzender Federn erlangt ist. Als Ergänzung tritt hierzu noch
besonders das sogenannte Sichflügeln; die Tiere richten sich dabei
auf dem Lande oder Wasser etwas auf und machen ein paar rasche,
gewöhnlich mit einem hörbaren Ruck endende Flügelschläge,
worauf die Schwingen wieder unter den Tragfedern verschwinden.

94

Im Anschluß hieran sei noch das *Sichstrecken* der Vögel erwähnt, das im Gegensatz zu den Säugern meist einseitig erfolgt, d. h. die eine Körperseite bleibt in der gewöhnlichen Ruhelage, und auf der anderen wird der Flügel weit gebreitet nach hinten unten zusammen mit dem entsprechenden Bein weggestreckt, auch ist der Schwanz nach dieser Seite hin gefächert (Abb. 62 u. 52, S. 86). Außerdem strecken sich die meisten Vögel auch noch so, daß sie die mehr oder weniger geschlossenen Flügel nach oben heben, den Hals weit vorstrecken (Abb. 63) und, wie z. B. die Tauben, dabei den Schwanz beiderseitig gleichmäßig weit fächern.

17. Ernährungsweise der Vögel

Zwischen der Ernährungsweise der Säugetiere und der Vögel bestehen einige grundsätzliche Unterschiede, auf die hier hingewiesen werden soll. Die meisten Säuger haben Backenzähne, mit denen sie namentlich pflanzliche Nahrung zermahlen können, und nur wenige sind imstande, sehr große Bissen zu verschlucken; selbst die Raubtiere zerschneiden mit ihrem mehr messerartigen Gebiß das Fleisch der Beute. Der Vogel hat statt der Zähne aufeinanderpassende Hornschneiden, die nur bei ganz bestimmten Gruppen, wie bei den Gänsen, zahnartig sind und bei vielen Papageien eine Raspel darstellen. Einige wenige Formen halten größere Brocken mit den Füßen fest, um dann mit dem Schnabel kleine Stücke davon abzubeißen. Manche Papageienarten, viele Greifvögel, aber nicht alle, die Eulen und merkwürdigerweise die zu den Rallen gehörenden Sultanshühner (Porphyrio) packen Nüsse, Frucht- oder Fleischstücke, Mäuse und ähnliches mit den Zehen eines Fußes und führen sie damit zum Schnabel, der dann häufig etwa auf dem halben Wege entgegenkommt (Abb. 3, S. 4). Bei anderen Vögeln ist diese Freßbewegung starrer, so nehmen z. B. Würger (Lanius) ihre Beute in die Faust, stützen dann aber den Lauf in eigentümlich steifer Weise auf den Ast, auf dem sie sitzen (s. Abb. 64), und reißen in dieser Haltung Stücke davon ab. Ähnliches tun auch die Bartmeisen (Panurus). Am häufigsten wird der Nahrungsbrocken unter einen oder beide Füße geklemmt und dann werden mit dem Schnabel verschlingbare Stücke abgezupft (s. Abb. 65). Manchmal wird auch ein Kern auf diese Weise herausgehackt. Raben und Greifvögel treiben es ähnlich. Dieses Festhalten wird schon versucht, ehe die Tiere selbst fressen können, es geschieht ohne jedes Vorbild als reine Triebhandlung.

Arten denen dieser Trieb fehlt, lernen es niemals durch Nachahmung, wie z. B. Hühner und Tauben, die mühevoll durch schleudernde Bewegungen von einem Salatblatt oder einer Scheibe

Abb. 64. Raubwürger hält eine Maus in dem auf den Lauf aufgestutzten Fuß.

Abb. 65. Tannenmeise zupft Stückchen von einer unter den Fuß festgeklemmten Beute ab.

Brot einen Bissen sich herausschlenkern, ohne je auf den naheliegenden Gedanken zu kommen, auf das Blatt oder die Brotscheibe zu treten und dann Stückchen abzupicken. Merkwürdigerweise macht das australische Buschtruthuhn, der Talegalla, eine Ausnahme hiervon, denn es nimmt Schnecken usw. unter einen Fuß.

Die allermeisten Vögel neigen dazu, große Bissen herunterzuwürgen und die Zerkleinerung ihrem Magen und die Auflösung der Zellulose den Blinddärmen zu überlassen, soweit sie solche haben. Hier nur ein paar Beispiele. Eine Taube verschluckt die Erbsen ganz; in dem sehr umfangreichen Kropf, der eine gestielte Ausbeutelung der Speiseröhre darstellt, werden die Erbsen erweicht, aber nicht anverdaut, sie wandern dann in den Drüsenmagen, der Verdauungssäfte abscheidet, und nachher in einen sehr muskulösen Magen, der innen mit hornigen Reibeflächen ausgestattet ist und in dem stets eine Menge Steinchen liegen, die die

Körner noch feiner zerreiben. Der aus dem Magen in den Darm zusammen mit den Verdauungssäften austretende feine Körnergrieß wird nun im Darm weiter verarbeitet und so weit aufgeschlossen, daß er als gelöstes Eiweiß, als Zucker und als Fett durch die Darmwand in den Körper übertreten kann. Blinddärme fehlen den Tauben. Ähnlich verhält es sich beim Huhn und bei der Gans, nur ist letztere imstande, mit kräftiger Kaumuskulatur und gezähnelten Schnabelrändern Gras abzubeißen. Außerdem sind bei beiden Blinddärme vorhanden.

Der Fernerstehende glaubt gewöhnlich, daß alle Vögel einen Kropf haben; dies stimmt aber nicht. Im Gegenteil, man kann sagen, daß nur ganz bestimmte Vogelgruppen eine Ausbeutelung der Speiseröhre zu einem ganz bestimmten Zweck aufweisen. Am bekanntesten ist der Kropf wohl bei Tauben, bei Hühnervögeln und bei Papageien, ebenso bei Greifvögeln. Es handelt sich für diese Formen darum, Körner und andere nicht so leicht verdauliche Kleinnahrung vorläufig unterzubringen, bis sie dann allmählich in den Magen hinuntergleitet; ein Wanderfalk z. B. zupft das Fleisch seiner Beute von den Knochen ab, um es zunächst in dem ansehnlichen Kropfe, der sich aber ziemlich rasch leert, mitzunehmen. Bei vielen körnerfressenden Singvögeln sowie auch bei manchen Fischfressern besteht nur eine spindelförmige Ausdehnung der Speiseröhre, die mit Nahrung gefüllt werden kann. Ähnlich verhält es sich auch bei Enten, Gänsen und Kranichen. Ein Fliegenschnäpper, ein Rotkehlchen oder eine Grasmücke haben keinen Kropf, es ist daher eigentlich auch falsch, bei diesen Gruppen in der Gefiederbeschreibung von der „Kropfgegend" zu sprechen; man müßte es denn so auffassen, als wolle man sagen, die Gegend, wo andere Vögel den Kropf haben.

Manche weidenden Vögel, wie z. B. Strauße, haben gleich hinter dem Zungengrund eine kleine Tasche, in die sie die abgerupften Blätter und Gräser zunächst einmal gleichsam schnappend hineinbefördern; ist diese Tasche gefüllt, so erhebt das Tier den Kopf, und nunmehr sieht man den klumpigen Bissen sehr gemächlich durch den langen Hals in den Körper hinabwandern. Während beim Säugetier der Inhalt der Mundhöhle durch die Speiseröhre rasch hindurchgespritzt wird und ein Verweilen von Nahrungsbrocken in ihr anscheinend stets lästig empfunden wird, ist dies beim Vogel insofern anders, als das Abschlucken sehr langsam geht und es z. B. einer Seeschwalbe gar nichts ausmacht, wenn der Kopf eines größeren Fisches im Magen verdaut wird, während die Schwanzspitze noch längere Zeit in der Mundhöhle liegt.

Im Gegensatz zu Säugetieren sind ausschließliche Gras- und Laubfresser unter Vögeln selten; die Pflanzenfresser unter ihnen nehmen meist nur besonders zarte Blätter, Knospen, wie z. B. der Gimpel, und vor allen Dingen Sämereien, die bei den Finkenvögeln im Schnabel enthülst, bei andern ganz verschluckt werden. Besonders in den Tropen sind Beerenfresser häufig, weil es dort das ganze Jahr hindurch Beeren gibt, die gewöhnlich durch besondere Farben für den Vogel weithin kenntlich sind. Für die Pflanze ist es natürlich wichtig, daß ihre Früchte vom Vogel ganz verschluckt und die Kerne unversehrt durch den Schnabel als Gewölle oder aber durch den Darm wieder ausgeschieden werden, denn auf diese Weise ist für ihre Verbreitung gesorgt. Nun gibt es aber auch Vogelarten, die den fruchttragenden Pflanzen gewissermaßen einen Strich durch die Rechnung machen, indem sie durch Vernichtung der Kerne den Baum, auf dem sie sitzen, schwer schädigen. So knackt der Kernbeißer den Kirschkern und wirft das Fruchtfleisch weg, und dasselbe macht der Gimpel mit den Kernen der Vogelbeeren. Noch auffallender ist, daß in Neuguinea und seiner Umgebung zwei große Taubenarten leben, die dasselbe fressen, aber doch von verschiedenen Stoffen leben. Die Früchte eines hohen Urwaldbaumes ähneln in Größe und Form einer frischen Walnuß mit der grünen Schale. Sind sie reif, so versammeln sich die verschiedenen großen Fruchttaubenarten (Ducula), verschlucken die Früchte ganz und geben die großen, ungemein hartschaligen, nur durch Axtschläge zu öffnenden Kerne, säuberlich blank poliert, durch den Darm wieder ab. Die Vögel haben eine verhältnismäßig dünne Magenwand und einen sehr weiten Darm, da sie nur die saftige Hülle der Nuß abverdauen und der große Kern unversehrt durch den Magen-Darm-Kanal geht. So trägt die Taube zur Aussaat und weiten Ausbreitung des Baumbestandes bei. Anders die Nikobar- oder Kragentaube (Caloenas); auch sie verschlingt die ganze Nuß, aber ihr mächtiger Muskelmagen zerbricht die Nußschale, und der Kern wird verdaut. Der Rest geht in Stücken ab, und der Darm ist verhältnismäßig eng. Natürlich braucht diese Art viel weniger Früchte zu fressen, da sie ja nicht von der wäßrig-schwammigen Fruchthülle lebt.

Wie bei den Säugetieren ist auch bei den Vögeln der Darm der Fleischfresser derbwandig und eng, und der Magen hat keine besonderen Vorrichtungen zur Vorbereitung der Nahrung, wie z. B. die Vierteilung bei den Wiederkäuern oder die hohe Ausbildung der Magenmuskulatur bei den pflanzenfressenden Vögeln. Eine merkwürdige Ausnahme machen die Trappen und auch die Strauße. Sie fressen Gräser und namentlich Kräuter unzerstückelt in ihren weiten, faltigen, aber nicht mit hornigen Reibeplatten und dicken Muskelpolstern versehenen Magen, der immer einige Steine oder sonstige Hartkörper zum Zerkleinern enthält; zartere Dinge werden im Dünndarm verdaut, aber die Hauptarbeit, nämlich die Verdauung der pflanzlichen Zellulose, leisten die paarig angelegten Blinddärme, die so stattlich entwickelt sind wie beim Pferd oder Kaninchen und Meerschweinchen; die Säuger haben allerdings nur einen ausgebildet. Auch bei vielen Hühnervögeln, die wie Auer- und Schneehühner während des Winters von Kiefernnadeln und Zweigspitzen leben, sind große Blinddärme vorhanden, nur übernimmt da auch noch ein gut entwickelter Muskelmagen die Vorarbeit des Verdauens.

Völlig unverdauliche Teile werden bei vielen Vögeln im Magen zusammengeballt und in gewissen Abständen als sogenannte Gewölle ausgeworfen. Der Name sagt schon, daß es sich da häufig um Wolle handelt. Eulen z. B. verschlingen verhältnismäßig große Beute ganz und fressen von größeren Vögeln und Säugetieren Haare und kleinere Federn mit sowie die Knochen, ausgenommen die allergrößten. Die Eulen werfen dann aber nicht nur sämtliche Oberhautgebilde, sondern merkwürdigerweise auch alle Knochen in den Gewöllen wieder aus. Es ist sehr auffallend, daß ihr Magen alle Muskelfasern und Bänder abverdauen kann, ohne Knochen anzuätzen, denn man findet sogar die Mäuserippen unversehrt wieder und kann die ausgewürgten Schädel ohne weiteres einer Sammlung einverleiben, so säuberlich sind sie gereinigt; die Gewölle zeigen ammoniakalische Reaktion. Bei den Taggreifvögeln ist dies anders, denn meist rupft ein Habicht oder ein Falk eine größere Beute fein säuberlich und frißt dann das Fleisch von den Knochen; er vermeidet es also, Haare

oder Federn zu verschlucken, und nimmt davon nur so viel zu sich,
wie er zufällig beim Abpflücken des Fleisches abreißt. Die
Knochen werden dann, durch Salzsäure gelöst, mitverdaut. Diese
Knochenverdauung stellt beim Bart- oder Lämmergeier (Gypaëtus)
geradezu eine Spitzenleistung dar, denn sein sehr saurer Magen-
saft zersetzt ganze Rinderwirbel. Reine Insektenfresser pflegen
das Chitin ihrer Beute gleichfalls in Gestalt von Gewöllen durch
den Schnabel von sich zu geben, dasselbe tut der Eisvogel mit den
Gräten und Schuppen der verschluckten Fische. Reiher, Möwen
und Pelikane dagegen verdauen diese Hartgebilde oder scheiden
sie durch den Darm aus.

Die Verarbeitung von Pflanzenstoffen ist für den Tierkörper
wohl immer schwieriger als die von Fleisch und überhaupt von
tierischen Gebilden; daher sieht man, daß die meisten Körnerfresser ihren noch kleinen Jungen Kerbtiere und Würmer zu-
tragen. Ebenso ziehen die Küken der Hühner- und der meisten
Entenvögel sowie der Trappen und Kraniche anfangs tierische
Beute der pflanzlichen Nahrung vor, von der sie späterhin hauptsächlich leben. Wir haben auf S. 64 schon gesehen, daß die Tauben-
eltern ihren Kindern anfangs selbsterzeugte, tierische Nahrung in
Gestalt der sogenannten Kropfmilch einflößen.

18. Verständigungsweisen der Vögel

Die sogenannte Laut- und Zeichensprache der Vögel ist eine
Erregungsäußerung, die, wie wir annehmen müssen, entweder
zum Nutzen für das Tier selbst oder für die anderen Artgenossen
dient: sie ist also arterhaltend. Einen zwingenden Grund dafür,
daß Laute oder Zeichen von einem Vogel *mit der Absicht* hervorgebracht werden, sich mit Artgenossen zu verständigen, können
wir nicht nachweisen. Dagegen beobachtet man, daß Vögel auf
die Stimme eines Gefährten achten und auch oft entsprechend
danach handeln. Wenn man sich überlegt, daß vom Menschen
einzeln jung aufgezogene Stücke, die niemals ihresgleichen gesehen
oder gehört haben, mit Ausnahme des für die Singvögel bezeich-
nenden Gesanges genau dieselben Stimmlaute hervorbringen und
sie ebenso anwenden wie die freilebenden Verwandten, so wird
uns klar, daß sich das einzelne Tier wohl nicht des Zweckes seiner

Stimmlaute oder sonstigen Erregungsäußerungen bewußt ist. Dieser Ausfluß der Erregung teilt sich dann anderen Vögeln mit, die solche Töne und Gebärden hören oder sehen. Auch wir werden traurig und nehmen einen weinerlichen Tonfall an, wenn wir in eine Trauergesellschaft kommen, oder wir lachen mit und sind fröhlich, wenn wir lustige Menschen sehen und hören. Dabei werden wir natürlich nicht behaupten, daß sich unsere Umgebung absichtlich deshalb so verhalten habe, damit wir in ihr Horn blasen. Bisweilen machen allerdings die sogenannten Warn- und Lockrufe den Eindruck, als seien sie absichtlich auf den Gatten oder die Kinder berechnet, denn sie werden dann mit ganz besonderer Heftigkeit ausgestoßen. Man kann dies aber ebensogut und einfacher so deuten, daß ein Junge führendes Vogelpaar eben wegen der Kinder ängstlicher und erregbarer ist, und diese Erregung macht sich in den entsprechenden Lauten Luft. Das Wort „Sprache" ist also nicht im menschlichen Sinne zu verstehen, denn uns Menschen ist zwar die Fähigkeit, eine Sprache zu lernen, angeboren, aber nicht diese selbst. Die Lebensäußerungen der Vögel sind mit wenigen Ausnahmen völlig unveränderbar und fest vererbt; sie entsprechen demnach etwa unserem Weinen, Lachen und Schreien bei Schmerz.

Es gibt völlig stumme Vögel, wie z. B. manche Neuweltgeier, außerdem haben sehr viele Einzelgänger, die nur während der Fortpflanzungszeit das andere Geschlecht aufsuchen oder anlocken, nur dann einen ganz bestimmten Ton, wie z. B. der Kukkuck. Gesellige Formen verfügen meist über zahlreiche Stimmlaute und Ausdrucksbewegungen, was ja eigentlich selbstverständlich ist, denn diese „haben sich eben etwas zu sagen". Manchmal ist die Stimme bei Männchen und Weibchen und bei jungen Vögeln verschieden, und so viel ist sicher, daß zum mindesten einige Vogelarten ein bestimmtes Stück, also z. B. ihren Ehepartner, aus vielen Stimmen der Artgenossen genau heraushören, ohne daß der Mensch einen wesentlichen Unterschied merkt. Sehr zahme Gänse erkennen ihren Pfleger, auch ohne ihn zu sehen, wenn er unter anderen Menschen spricht. Daß wenigstens von einem großen Teil der Vögel die Töne trotz des sehr anderen Baues des inneren Ohres genau so gehört werden wie von uns, geht aus dem Sprechenlernen der Papageien und dem richtigen Nachpfeifen von Liedern durch Singvögel ohne weiteres hervor.

Es ist wohl am einfachsten, wenn wir uns an ein paar Beispielen recht bekannter Vögel die verschiedenen Lautäußerungen und ihre Bedeutung klarmachen. Wählen wir als erstes das Haushuhn. Jeder kennt das Krähen des Hahnes; dieser will, natürlich unbewußt, damit offenbar weiter nichts sagen als „hier ist ein Hahn", Für die liebebedürftige Henne ist dieser Ruf ein Lockmittel, für den Nebenbuhler das Zeichen, daß dort der Platz bereits besetzt ist, und er geht dann entweder weg oder läßt sich auf einen Kampf ein. Dieser Balzruf, wie man ihn nennen könnte, ist durchaus nicht mit der Paarungseinleitung zu verwechseln, denn Balz und Begattung haben sehr häufig nicht unmittelbar etwas miteinander zu tun. Macht der Hahn einer einzelnen Henne einen Antrag, so geht er in eigenartiger Weise um sie herum, spreizt den ihr abgewandten Flügel nach unten und macht den sogenannten Kratzfuß; dabei läßt er stets ein tiefes „Gogerógog" hören. Ist die Henne willfährig, so duckt sie sich schweigend nieder, läßt sich treten, erhebt und schüttelt sich und geht von dannen. Einen allgemeinen Lockton haben die Hühner nicht, sondern nur Rufe, die ganz besonderen Zwecken dienen. So ist das „Gluck" der „Glucke" nur für die Küken bestimmt; der Hahn zeigt mit einem gleichmäßigen und fortgesetzten „Tück tück tück" einen aufgefundenen Bissen den Hennen an, die daraufhin herbeieilen und ihn abnehmen. Sperrt man zusammengehörige Hühner auseinander, so haben sie nicht die Möglichkeit, sich irgendwie zusammenzurufen, wie dies z. B. Gänse und Enten ohne weiteres tun. Für herannahende Gefahr verfügt namentlich der Hahn, aber auch die Glucke über zwei ganz verschiedene Stimmlaute. Betritt ein fremder Hund oder Mensch den Hof, so hören wir „Gogógogock"; dies ist der Warnungston oder besser Schrecklaut für Gefahr von unten und bedeutet für das Wildtier: „Achtung, aufbaumen!" Fliegt aber ein Vogel rasch über das Hühnervolk hinweg, so bekommen wir ein langgezogenes, heiseres „Räh" zu hören, d. h. „Achtung, Gefahr von oben", also „versteckt und drückt euch." Bei der Amsel zeigt das „Ticks ticks ticks" Bodengefahr, ein wiederholtes, langgezogenes „Sieh" einen fliegenden Feind an. Werden die Hühner geängstigt oder gar gejagt, so wird der Boden-Angstton verstärkt und oft wiederholt während des Rennens und Fliegens ausgestoßen, eine Lautäußerung, die häufig noch lange, nachdem die Gefahr verschwunden ist, anhält. Sie klingt dann ganz genau so wie das Gackern, das die Henne nach dem Eierlegen hören läßt, und andere Hühner fallen oft darauf hinein und geben im selben Sinne Antwort. Dieses Legegackern ist eigentlich ein psychologisches Rätsel, denn jeder andere Vogel verhält sich in der Nähe seines Geleges möglichst ruhig, um das Nest nicht zu verraten, und entfernt sich meist unter Deckung heimlich.

Beim Haushuhn ist dies nun alles umgekehrt. Da man allgemein die Erfahrung macht, daß Haustiere ihre Stimmen viel mehr gebrauchen als die entsprechenden Wildformen, für die jede Stimmäußerung ja auch immer eine gewisse Gefahr des Entdecktwerdens bedeutet, so liegt der Gedanke nahe, daß sich bei der Haushenne die ängstliche Erregung, in der sich der Vogel beim Verlassen seiner Brutstätte befindet, hemmungslos durch Stimmlaute Luft macht, und so wäre dann das, was von den meisten Geflügelfreunden als Freudengeschrei ausgelegt wird, weiter nichts als der Angstruf. Bei einer versteckt legenden Bankiva-Kreuzungshenne sah ich, daß sie sich zunächst heimlich und z. T. fliegend vom Nest entfernte und dann anderen Orts gackerte. Sehr auffallend und nur den Hennen zukommend ist das sogenannte Singen oder Gakeln, das die Hühner gewöhnlich dann hören lassen, wenn sie auf etwas warten, z. B. wenn das Legenest bereits besetzt ist oder der Fütterer zu lange ausbleibt. Es ist ein mit Worten nicht zu beschreibendes, aber nicht allzu schwer nachzuahmendes Getön, das häufig sehr in die Länge gezogen wird. Auch Wildhennen haben es andeutungsweise, es ist aber völlig unklar, zu welchem Zweck es in der Freiheit hervorgebracht werden könnte.

Hahn und Henne haben, wenn man sie in der Hand hält und sie sich dabei sehr ängstigen, ein lautes Angstgeschrei, auf das hin besonders mutige Hähne bisweilen herbeikommen, um die Gefährtinnen oder auch Jungtiere zu verteidigen. Das Schreien beim Ergriffenwerden finden wir nicht nur bei Hühnern, sondern auch bei vielen Singvögeln, Greifvögeln, Papageien usw., und man kann fragen, was es wohl zu bedeuten hat. Einmal sind diese bei manchen Formen ungemein schrillen Töne dem Ohre geradezu schmerzlich, also ein Schreckmittel gegen den Feind, so daß es verständlich wird, daß vielfach auch einzeln lebende Tiere, die auf Hilfe von ihresgleichen nicht rechnen können, schreien. Andererseits lenken sie die Aufmerksamkeit der Umgebung auf den Bedränger, und dann haben solche Angstrufe die Bedeutung von Hilferufen bei geselligen Tieren, insbesondere bei Jungen, die Schutz durch ihre Eltern genießen.

Hühnerküken piepen bekanntlich, und zwar tun sie dies bereits im Ei. Ist das Piepen leise, so drückt es Zufriedenheit aus, und die Glucke weiß dann — menschlich gesprochen —, daß alles in Ordnung ist und sich kein Junges verlaufen hat. Wird der Piepton laut und langgezogen, so bedeutet er Unbehagen oder Angst; die Mutter wird dann aufgeregt und sucht nach dem Jungen so lange, wie sie die verzweifelten Töne hört. Man kann dabei die Beobachtung machen, daß eine ungeschickte Glucke auf einem Küken steht, das deshalb natürlich jämmerlich schreit. Sie sichert dann, späht überall umher und begreift nicht, daß sie selbst die Ursache der kläglichen Lage des Kindes ist.

Als zweites Beispiel sei die Graugans (Anser anser), die Stammmutter der Hausgans, herangezogen. Wie schon erwähnt, lebt das überaus treue, meist auf Lebenszeit zusammenhaltende Wildganspaar mit den Jungen ziemlich ein Jahr lang in engstem Verband. Bei einem so ausgeprägten Familiensinn müssen natürlich auch die nötigen Verständigungsmittel vorhanden sein. Durch das bekannte schallende „Gágangack" rufen Vater und Mutter einander und beide die Jungen rasch zusammen, wenn sie einmal auseinandergeraten sind; dabei unterscheiden sie sich an der Stimme unter Hunderten von Artgenossen. Dunenjunge, die im Brutofen oder unter der Henne geschlüpft sind, kennen diesen Artlockton nicht, sondern erschrecken, wenn sie ihn zum ersten Male hören, und müssen sich allmählich daran gewöhnen. Damit soll nicht gesagt sein, daß dieses „Gágangack" später von den Jungen erst gelernt werden muß, denn wenn sie ins richtige Alter kommen, rufen sie es genau so wie die Alten, auch ohne Vorbild gehabt zu haben. Ein kurz abgerissenes „Gang" ist der Schreckensruf, auf den hin die Mutter mit den kleinen Küken gewöhnlich sofort ins Wasser geht, wenn sie es von ihrem wachthabenden Manne hört. Nach der Vertreibung eines Gegners tun sich Eltern und Junge eine Güte im Hervorbringen des sogenannten Triumphgeschreis; das sehr zur Befestigung der Familienbande beiträgt und von dem auf Brautschau gehenden jungen Gansert auch zur Annäherung an die Erkorene nach Vertreibung oft nur eines Scheingegners gebraucht wird. Will die ruhende Familie weitergehen, so werden bestimmte leise Töne ausgestoßen, die zum Aufbruch ermuntern und die einzelnen Gänse jederzeit davon unterrichten, daß alle noch richtig beisammen sind. Es tritt also eine Stimmfühlung ein, die auch meist im Fluge vorhanden ist. Beabsichtigen Gänse aufzufliegen, so werden die eben besprochenen Laute verstärkt und in häufiger Folge ausgestoßen. Dazu kommt ein eigentümliches seitliches Kopf- und Schnabelschütteln, das dem Abstreichen unmittelbar vorhergeht. Daß wütende namentlich ihre Jungen verteidigende Gänse mit weit geöffnetem, und vorgestrecktem Schnabel zischen (s. Abb. 32, S. 58), bald darauf das ganze Gefieder sträuben und sehr geräuschvoll schütteln, weiß wohl jeder: es ist eine Drohhandlung, die sicher von jedem auch gattungs- und artfremden Feinde verstanden wird. Verirren sich junge, schon herangewachsene, nicht mehr piepende Gänsekinder, so zeigen sie dies durch einen eigentümlichen Jammerton an. Eheverlassene Gänse lassen besonders in der Morgendämmerung einen oft wiederholten Sehnsuchtsruf hören, der wie ein schwermütiges, nasales „Gaang" klingt.

Entsprechend den ganz anderen Fortpflanzungsverhältnissen und der Brutpflege (s. S. 58-60) sind bei der Stock- und also auch bei der von ihr abstammenden Hausente die Lautäußerungen und die Gebärdensprache von denen der Gänse verschieden. Ebenso wie sich das Kleid vieler männlicher Enten

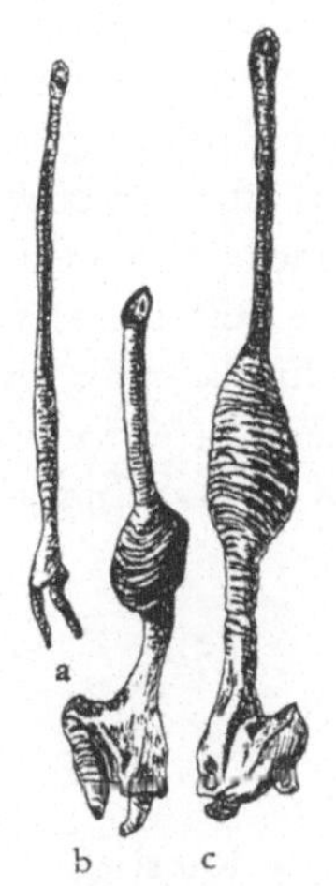

Abb. 66. Schellente. *a* Luftröhre des Weibchens. *b* Luftrohre des Männchens in Ruhelage, von hinten. *c* Dieselbe bei ausgestrecktem nach hinten gebogenem Hals (vgl. Abb. 67).

von dem ihrer Weibchen unterscheidet, so grundsätzlich anders pflegen hier auch die Stimmen der Geschlechter zu sein. Während sich bei den Weibchen die Luftröhre an ihrem unteren Ende nur in der gewöhnlichen Weise teilt (s. Abb. 66 a), haben die Erpel an dieser

Stelle eine riesig entwickelte Knochentrommel, die bei den einzelnen Entenarten recht verschieden sein kann. Als gewöhnlichen
Stimmlaut haben der Haus- und Stockerpel ein leises, etwas
schnarrendes „Räb", das verschieden oft wiederholt und mehr
oder weniger in die Länge gezogen werden kann und dann als
Ausdruck des Schrecks, des Ärgers und als Lockton verwendet
wird. Außerdem verfügt er bei den auf S. 60 beschriebenen
Herbst- und Winterbrautwerbungen über einen hohen, wohl mit
Hilfe der Knochentrommel hervorgebrachten Pfeifton, der ausgestoßen wird, während sich der Vogel einen Augenblick steil im
Wasser aufrichtet und mit der Schnabelspitze die Brustmitte fast
berührt. Auch bei andern Entenarten kommt es während der
Hervorbringung solcher Erpeltöne zu ganz bestimmten Kopf-
und Halsbewegungen, die mit der Verkürzung oder Ausdehnung
der oft so merkwürdig gebauten Luftröhre in Zusammenhang
stehen (Abb. 66b u. c u. 67). Das Weibchen der Stock- und Hausente läßt im Herbst und Winter das bekannte, laut schallende
„Quack, quák, quakquak" hören, hütet sich aber, diesen Weib-
chenlockruf in der Zeit erschallen zu lassen, wenn die Erpel die
auf S. 59 beschriebenen Notzuchtversuche machen. Im Schreck

1. Ruhelage. 2. Vor dem Schreien. 3. Schreiend

Abb. 67. Schellerpel.

hört man ein gezogenes „Quäk quäk", wobei beide Geschlechter
wippende Bewegungen mit der Schnabelspitze nach oben machen,
um gleichsam den Sprung in die Luft anzudeuten. Es ist bezeichnend, daß Entenformen, die viel aufbaumen, nicht sprunghaft
wippende, sondern zielende, von hinten nach vorn gerichtete
Kopfbewegungen ausführen, ähnlich wie wir sie von Hühnern
und Tauben zu sehen gewohnt sind. Die führende Mutter hat für
die Küken ein leises „Quahk", mit dem bei guter Nachahmung
auch der Mensch Entenküken an sich fesseln kann, soweit sie noch
nicht von einer richtigen Entenmutter geführt worden sind. Das

Mißfallen über einen fremden Bewerber bezeugt Frau Ente ihrem Manne gegenüber durch ein nach hinten über die Schulter hinweg hervorgebrachtes „Queggeg gegg quegg quegg".

Jungvögel unterscheiden sich stimmlich häufig sehr von den Eltern, wie wir beim Huhn schon besprochen haben. Die Stimme der Kinder ist gewöhnlich hoch wegen der kurzen Stimmbänder; so hat z. B. auch die junge Trappe als Stimmfühlung einen leisen Trillerton und läßt, wenn sie sich verirrt hat, ein langgezogenes, dem der Pfauenküken ähnliches, traurig klingendes Pfeifen hören, das einem recht auf die Nerven fallen kann. Alte Trappen sind bis auf einige stöhnende oder schnarchende Laute so gut wie stumm. Mit dem Heranwachsen tritt dann eine Art Stimmbruch ein, der sich aber nach den einzelnen Arten verschieden gestaltet. Viele, beispielsweise Möwen, behalten noch lange ihren Jugendton bei, haben aber außerdem bereits die Rufe der Alten. Von Brachvögeln vernimmt man schon im Ei das für die Alten so bezeichnende schöne „Kui", nur klingt es etwas dünner und schwächer. Hier haben eben auch die Altvögel keine tiefen Töne, wie z. B. bei vielen knarrenden und quakenden Enten, und deshalb braucht kein Stimmbruch zu erfolgen. Kleinere Nesthocker einzeln also heimlich brütender Arten verhalten sich, solange sie im Neste sitzen, bis auf die Augenblicke des Gefüttertwerdens meist still, ändern dieses Benehmen aber sofort, wenn sie das Nest verlassen; man denke z. B. an frisch ausgeflogene Grünlinge, die dann durch ihr unzählige Male wiederholtes „Tschui" den Eltern dauernd anzeigen, wo sie sind, damit sie von ihnen leicht gefunden werden können. Höhlenbrüter sind häufig im Nest viel lauter, so lärmen junge Spechte und Racken ununterbrochen. Sie können sich das in ihrer sicheren Baumhöhle leisten. Während junge Nebelkrähen im Nest auffallend still sind, machen junge Saatkrähen einen ohrenbetäubenden Lärm: diesen Siedlungsbrütern fehlt jede Nestheimlichkeit, sie können ihren Gemütsregungen freien Lauf lassen. Auch die jungen Kolkraben sind sehr laut im Nest, da sie außer dem Menschen, der in ihrer Stammesgeschichte noch zu neu ist, als daß er auf die Zuchtwahl hätte einwirken können, kaum Feinde haben, denn die Alten sind sehr wehrhaft und schneidig. Die Küken der australisch-papuanischen Großfußhühner (s. Abb. 13 b, S. 11), die, von Anfang an ganz auf sich selbst angewiesen, ja ihre

Eltern nie kennenlernen, sind natürlich auch stimmlos, denn sie brauchen niemandem etwas zu sagen.

Bei vielen Vögeln, aber auch Säugetieren und beim Menschen, treffen wir Stimmlaute oder überhaupt Ausdrucksformen an, die offenbar keine bestimmte Bedeutung haben, sondern nur ganz im allgemeinen Erregung ausdrücken, wie z. B. das Geschmetter der Kraniche (Abb. 68) oder die bekannte Klapperstrophe des Storches (Abb. 69). Ich habe beides gehört, sowohl wenn die Tiere in Wut sind als auch, wenn sich die Ehepartner gegenseitig freudig begrüßen; man denke daran, daß viele Menschen sowohl bei Schmerz und Trauer als auch bei übergroßer Freude weinen.

Abb. 68. Schmetternder Kranich (Grus).

Bei der sogenannten Zeichensprache werden meist symbolische Handlungen ausgeführt; es wird also dem Artgenossen angezeigt, in welcher Gemütsstimmung man ist. Ein wütender Reiher macht sich groß, d. h. er sträubt die Federn weit ab und zieht Kopf und Hals, zum Vorstoß bereit, zurück. Will er dagegen seiner Freundlichkeit Ausdruck geben, so streckt er den Hals bei angelegtem Gefieder gerade nach oben, was also ursprünglich zu bedeuten hat: „Ich kann dir nichts tun." Bedroht

Abb. 69. Klapperndes Storchenpaar (Ciconia) mit Jungen auf dem Nest.

ein Höckerschwan einen Feind, so stellt er die Flügel, indem er die Ellenbogen anhebt. Dabei macht er einen dicken Hals und nimmt den Kopf auf den Rücken (s. Abb. 70 u. 19). Diese Haltung macht nicht nur auf Artgenossen, sondern auf jeden Gegner einen furchterregenden Eindruck, ist also sehr sinnvoll. Schwimmt sich das Ehepaar dagegen zärtlich entgegen, so muß es, um dieser Stimmung Ausdruck zu geben, genau die umgekehrte Körperhaltung einnehmen, d. h. die Tiere werden ganz flach und machen einen dünnen Hals, den sie gerade nach oben halten (Abb. 71). Absichtliches Wehrloserscheinen bedeutet also Zuneigung. Darwin hat in seinem Buche „Ausdruck der Gemütsbewegungen" für die Haltung der

Abb. 70. Wütender Höckerschwan
(Cygnus olor).

Abb. 71.
Zärtliches Höckerschwanpaar.

Pferdeohren ähnliches beschrieben, und das Präsentieren des Gewehrs ist ja auch ursprünglich ein Darreichen der gefährlichen Waffe.

Es sei übrigens bemerkt, daß sich oft nahe verwandte Arten in ihren Ausdrucksbewegungen sehr verschieden verhalten können, man vergleiche z. B. die Wutstellungen von Höcker- und Schwarzhalsschwan (s. Abb. 70, 72). Es mutet merkwürdig an, wenn man an einem einzeln jung aufgezogenen Vogel bemerkt, daß er über den Hunderte von Malen von ihm selbst ausgestoßenen lauten Ruf erschrickt, wenn er ihn von einem anderen Artgenossen zum erstenmal hört; er weiß also offenbar nicht, wie er selbst schreit. So erzog ich im Zimmer einen Wachtelkönig (Crex) aus dem Ei, der im nächsten Frühling sein „Rärrp rärrp" dauernd ertönen ließ. Es klingt im engen Raum ungemein laut und hart, so daß ein ahnungsloser Besuch regelmäßig erschrickt und zurückfährt, wenn er es zum ersten Male hört. Anfang Mai holte ich einen im

Herbste weggegebenen Bruder dieses Vogels wieder zurück, und die beiden Männer kümmerten sich gar nicht umeinander. Als der Neuling am nächsten Morgen laut krexte, erschrak unser Pflegling entsetzlich und sauste in den nächsten Winkel. Der fremde Männerruf erregte nicht etwa seine Wut oder Eifersucht, und er gewöhnte sich allmählich an die Stimme des andern.

Mancher hat vielleicht schon darüber nachgedacht, welche Vögel singen, und was für einen Zweck der Gesang wohl haben mag. Man kann sagen, daß von den 8000 Vogelarten etwa die Hälfte den echten Singvögeln (Oscines) angehört, die die Hauptmasse der Sperlingsvögel bilden. Alle diese Tiere haben an ihrem unteren Kehlkopf, also da, wo sich die Luftröhre in die zwei Lungenäste teilt, mehr oder weniger gut entwickelte und zahlreiche Muskelfasern, die dazu bestimmt sind, man könnte sagen, willkürlich abänderbare Töne

Abb. 72. Wütend angreifender Schwarzhalsschwan.

hervorzubringen; bei den Männchen ist diese Vorrichtung gewöhnlich besser entwickelt als bei den Weibchen. Es besteht in dieser Gruppe kein so starres System der Stimmbildung, das nur angeblasen zu werden braucht, um einen für die Art festgelegten Ton hervorzubringen. Die „Nichtsingvögel" können, mit Ausnahme der Papageien, niemals fremde Töne nachmachen; so wird eine einzeln auf einem Hühnerhofe erzogene Ente niemals krähen lernen, weil sie eben nur die ihrer Art eigentümlichen Stimmlaute hervorbringen kann. Zwar entspricht der Gesang in seiner Bedeutung für die Gebietsabgrenzung und für das Heranrufen eines Weibchens durchaus dem Rucksen des Ringeltaubers, dem Krähen des Hahns oder dem Knarren des Ziegenmelkers, dem Ruf des Kuckucks sowie dem Schreien des

männlichen Rothirsches, aber die deutsche Sprache hat für all diese
Stimmäußerungen besondere Namen, wie Krähen, Rucksen usw.
Die meisten Singvogelmännchen sind nun imstande, zu beginnen-
der Paarungszeit das fertigzubringen, was der Fernerstehende als
Gesang bezeichnet, nämlich eine Folge mehr oder weniger schöner
Pfeiftöne; man denkt dabei an Nachtigall, Lerche, Singdrossel,
Amsel und ähnliche Vögel, die mit ihren Darbietungen dem
menschlichen Ohre einen gewissen Genuß verschaffen; denn
Gesang soll ja etwas Schönes sein. Wenn man einfach nach der
Güte urteilt, so muß man einem balzenden Regenpfeifer viel eher
einen „Gesang" zusprechen als z. B. einem schilpenden Sperlings-
hahn, der ja doch zu den Singvögeln gehört. Es gibt also auch
Singvögel, die für den Menschen unschöne, sehr einfache Laute
hervorbringen. Es hat sich aber gezeigt, daß wohl die meisten
Angehörigen dieser Gruppe, auch wenn sie nur einen sehr ein-
fachen Gesang haben, imstande sind, fremde Laute nachzuahmen.

Bei den eigentlichen Singvögeln kann der Artgesang angeboren sein, wie z. B. beim Zilzalp und beim Feld- oder Heu-
schreckenschwirl, wenigstens habe ich dies im Zimmer nachgewiesen. Auch andere Formen mit wechselreichem Gesang
bringen ohne Vorsänger einen artgerechten Gesang zustande,
so z. B. Amsel und Singdrossel. Eine jung aufgezogene Singdrossel flicht in ihre Herbstübungen allerlei Töne der sie umgebenden Vögel ein, woraus zunächst ein grasmückenartiges,
fortlaufendes Kauderwelsch entsteht. Zum Frühjahr hin aber
bilden sich abgesetzte Strophen, und die übernommenen Einzel-
töne werden so abgeschliffen und in den Singdrosselrhythmus ein-
gefügt, daß doch schließlich ein nicht gerade guter, aber doch
deutlich erkennbarer Singdrosselschlag entsteht. Bei anderen muß
der Gesang wohl unbedingt erst vom Artgenossen übernommen
werden, so z. B. beim Finken. Jeder freilebende Fink hat ein oder
zwei durchaus festliegende Schläge, die vor jeder Brut mit un-
ermüdlicher Ausdauer vorgetragen werden; so zählte man innerhalb zweier Stunden bei einem einzigen Vogel 824 Schläge.
Merkwürdigerweise sind diese doch nur aus wenigen Tönen
zusammengesetzten Strophen nicht angeboren, wovon man sich
leicht überzeugen kann, wenn man ein Finkenmännchen im
Zimmer einzeln ganz jung aufzieht. Ein solcher Vogel erfindet

sich dann eine Strophe, die zwar im Rhythmus und in der Länge angeboren ist, aber sonst der eines freilebenden Artgenossen nicht im mindesten ähnlich ist. Angeboren ist dem Finken außerdem die Bereitschaft, im nächsten Frühjahr von Artgenossen die Finkenstrophe in einer sensiblen Phase (wie die Verhaltensforscher eine vorbestimmte Zeit blitzschnellen Lernens nennen) aufzunehmen. Diese sensible Phase liegt je nach der Vogelart verschieden, bei der Nachtigall zum Beispiel noch im Geburtsjahr am Ende der Jugendentwicklung. Beim Finken wird der Liedbeginn ohne Endschlag in einem Singflug zwecks Abgrenzung des Reviers als Imponiergesang gebracht, dagegen der volle Gesang mit Endschlag zur Anlockung und Bindung des Weibchens. Auch von anderen Singvögeln wird mit fortschreitender Forschung immer mehr erkannt, daß der Gesang je nach seiner Bedeutung abgeändert, also sozusagen als Sprache verwendet wird. So bringt zum Beispiel der Steinrötel, ein zu den Schmätzern gehörender Singvogel, zur Revierabgrenzung seinen melodisch flötenden Gesang sehr schnell sprudelnd und mit Nachahmungen anderer Vogelstimmen (Imitationen) versetzt als Imponiergesang; zur Begrüßung jüngerer Artgenossen pendelt er dazu mit dem Kopf und reißt den Schnabel zum Vorweisen seiner gelben Mundhöhle auf; als Warn- und Signalgesang bringt er ein kurzes Stück des Flötengesanges in ständiger Wiederholung; als Balzgesang läßt er alle Imitationen fort und streut dafür eigene Orgeltöne ein (Orgelgesang). Nun ist es ein Unterschied, ob ein einzeln jung aufgezogener Vogel in seiner sensiblen Phase andere Vögel oder überhaupt Töne, die für ihn nachahmbar sind, zu hören bekommt, oder ob er ganz allein auf sich angewiesen ist. In letzterem Falle kann es zu einem erkennbaren Artgesang kommen, im ersten werden fremde Strophen verwendet. Der Mensch macht sich das Nachahmungsvermögen zu singen beginnender, junger Singvogelmännchen dadurch zunutze, daß er ihnen Lieder vorpfeift, die dann z. B. von Gimpeln, aber auch Amseln, Staren und verschiedenen ausländischen Arten täuschend wiedergegeben werden. Manche Vögel verzichten dann darauf, den Artgesang zu erfinden und bringen nur das Übernommene; manche lernen außer dem Nachgemachten, sobald sie einen Artgenossen singen hören, in ganz kurzer Zeit von diesem das ihnen eigentlich zukommende Lied.

Wie schon erwähnt, flechten viele Vogelarten sowohl im Freien wie auch in der Gefangenschaft fremde Laute in ihren Gesang ein. Man nennt dies „spotten", weil man früher der kindlichen Ansicht war, daß ein solches Tier seine Lehrmeister zum besten haben wolle. Berühmt in dieser Hinsicht sind die amerikanischen Spottdrosselarten, unser Neuntöter, das Blaukehlchen, der Gelbspötter, der Star, die Schama und noch andere. Viele, z. B. die meisten Würger, verleiben das Nachgeahmte gewissermaßen sinnlos und meist in immer der gleichen Reihenfolge ihrem sonst stümperhaften Gesang ein, und es ist recht gut möglich, daß so ein Neuntöter das Rebhuhn, die Krähe, den Pirol und was er sonst noch nachahmt, einfach aus dem Gesange seines Vaters übernommen hat, ohne je selbst die nachgeahmten Vogelarten gehört zu haben. Geistig höherstehende Formen verbinden sicher mit Tönen, die sie selbst nachahmen, Zeit, Ort und Person. Dazu gehören Stare, manche Rabenvögel und vor allen Dingen Papageien, besonders die klügeren unter ihnen. Dies macht dann geradezu den Eindruck menschlichen „Sprechens", ist aber nicht ganz dasselbe. Wenn z. B. mein jung aufgezogener Wellensittich die gurgelnden Töne des Eingießens aus einer Flasche nachahmt, sobald ich eine solche zur Hand nehme, oder den lauten Ton des Bienenfressers „Pitt pitt" ertönen läßt, sobald ein solcher ins Zimmer fliegt, so will das Tier ja zu diesen Ereignissen keine Meinung äußern, sondern der Anblick des Gegenstandes löst eine Tonvorstellung aus. Es wirkt verblüffend, wenn ein Papagei „herein" ruft, wenn es draußen klopft, und man schiebt ihm unwillkürlich die Meinung unter, daß er den klopfenden Gast zum Eintreten ermuntern wolle. Bald kommt man aber dahinter, daß schon das In-die-Hand-Nehmen der knackenden Türklinke genügt, um bei dem Vogel das „Herein" auszulösen, ja, selbst nahende Schritte veranlassen ihn zu dem Zuruf. Aus der Freiheit sind nachahmende Papageien nicht bekannt, und es will scheinen, daß die durch die Käfigung entstehende Langeweile bei den Tieren eine Nachahmungslust erweckt, die so groß werden kann, daß sie, sobald man ihnen etwas vorspricht oder vorpfeift, dicht an einen heranrücken, die Ohrfedern sträuben und sehr aufmerksam zuhören; bisweilen wird nachher sogar geübt.

Wenn wir das hier von den Singvögeln und Papageien Gesagte genauer überlegen, so fällt uns auf, daß nur diese beiden Gruppen und der Mensch imstande sind, andere als die ihnen angeborenen Töne hervorzubringen, denn auch die höchststehenden Affen können so etwas nicht, trotzdem sie dem Sprecher lange und aufmerksam auf den Mund sehen, so daß er glaubt, sie würden nun in nächster Zeit etwas sagen.

19. Die Sinneswerkzeuge der Vögel

Der Geruchssinn. Das Riechen spielt im Leben des Vogels keine so große Rolle wie bei den meisten Säugetieren oder selbst bei uns Menschen; das sieht man schon daran, daß die Naslöcher nicht an der Schnabelspitze liegen und der Vogel nicht schnüffelt. Ein Geruchsvermögen durch den Rachen-Nasen-Gang (Choanengeruch) ist, wenigstens vielen Greifvögeln, nicht abzusprechen, es tritt aber erst dann in Erscheinung, wenn das Tier das Fleischstückchen schon in die Schnabelspitze genommen hat, so daß also der Geruchsstoff von der Schnabelhöhle aus in das Innere der Nase ziehen kann. Kein Rabe, kein Altweltsgeier findet eine Beute durch den Geruch, wie man sich sofort davon überzeugen kann, daß man ein Fleischstück einwickelt oder so zudeckt, daß es nicht gesehen werden kann. Ein in dieselbe Lage versetzter Hund bemerkt den Bissen sofort. Demzufolge erkennt also ein Vogel seinen Gatten, seine Jungen, seine Nisthöhle oder, wenn es sich um ein zahmes Tier handelt, seinen Pfleger niemals durch die Nase. Eine Ausnahme machen anscheinend die Neuweltsgeier, viele Sturmvögel und auch der neuseeländische Kiwi, der unter Verkümmerung des Sehvermögens eine nächtliche Lebensweise führt.

Kann ein Vogel schmecken? Diese Frage ist wohl mit ja zu beantworten, denn Sinneswerkzeuge für den Geschmack in Gestalt von Geschmacksknospen finden sich verstreut vorwiegend im Bereich der Mundhöhlendrüsen im hinteren Teil des Zungenrückens, in der Schleimhaut unter der Zunge, vor allen Dingen aber am weichen Gaumen und am Eingang des oberen Kehlkopfes. Der Vogel schmeckt also nicht vorn im Schnabel und an der Zungenspitze, und der Geschmacksbereich für die vier

Geschmacksarten süß, bitter, sauer und salzig ist nach den einzelnen Gruppen verschieden; so sind viele Arten, namentlich die Körnerfresser, für bitter wenig empfindlich, was wohl daran liegt, daß ihre natürliche Nahrung reichlich Bitterstoffe enthält. Ich habe Brotstückchen, die in das entsetzlich bittere Chininpulver getaucht waren, an viele Papageien und andere Vögel verfüttert, ohne daß die Tiere den geringsten Anstoß an dem für uns fürchterlichen Geschmack nahmen. Dasselbe haben andere bei Körnerfressern und meisenartigen Vögeln mit Körnern versucht, die sie mit Pikrinsäure getränkt hatten. Süß ist für solche Vögel im allgemeinen anziehend und wird etwa bis zu der Verdünnung geschmeckt, die auch der Mensch noch bemerkt. Andererseits scheinen Gänse und Enten für diesen Geschmack keine Empfindung oder wenigstens keine Lustempfindung zu haben, denn ein Stück Zucker ist vor ihnen sicher, auch wenn sie es aus Neugierde oder in der Erwartung von Futter einmal in den Schnabel nehmen. Kanarienvögel und Papageien verhalten sich bekanntlich umgekehrt. Für Arten, die nicht gerade Fruchtfresser sind, spielt der Geschmack keine so große Rolle wie für uns, denn die meisten verschlingen ihre Nahrung im ganzen, ohne sie anzuquetschen oder zu zerkauen. Man erinnere sich, daß eine Maus unzerstückelt von einer Eule hinabgewürgt wird, und dasselbe tun die meisten Drosseln mit den Vogelbeeren. Die Fischfresser verhalten sich ebenso. Man denke auch an Hühner und Tauben, die Getreide und Erbsen unzerkleinert verschlucken; hier spielt offenbar die Form, die Härte und, wenn sie diese Gegenstände einmal kennen, auch die Farbe eine Rolle.

Das *Tastgefühl* ist beim Vogel recht ausgebildet, und es fällt einem zunächst einmal dadurch auf, daß jede Berührung des Gefieders sofort bemerkt und gewöhnlich als unangenehm empfunden wird. Die Federkiele stellen ja lange Fühlhebel dar, die der Haut alles mitteilen, was ihnen zu nahe kommt. Außerdem haben manche Vögel noch Tastborsten in der Nähe des Schnabelwinkels, die aufrichtbar sind und dazu dienen, Beute und dergleichen abzutasten; besonders bei Eulen, die in nächster Nähe nicht sehen können, sind sie am besten ausgebildet. Ganz besondere Nervenendigungen (Herbstsche und Grandrysche Körperchen) sind in der Zunge bei Spechten, in den Schnabelwülsten

noch sperrender Nesthocker und an den weichen Schnäbeln der
Schnepfen- und Entenvögel vorhanden. Es ist mehrfach behaup-
tet worden, daß besonders Schnepfen und Enten diese Sinneskör-
perchen nicht nur zum Tasten benutzen, sondern mit ihnen zu für
uns unmöglichen Leistungen auf chemische und Geruchsreize hin
befähigt seien, also z. B. zum Auffinden von Wasser oder zum Ent-

Abb. 73. Stochernde Bekassine
(Sumpfschnepfe, Capella
gallinago).

decken von versteckter Nahrung
oder herannahenden Feinden; jedoch habe ich mich nie davon
überzeugen können. Die „wur-
mende" Schnepfe (Abb. 73)
riecht sicher den Regenwurm
nicht von außen her, sondern sie
stochert wahllos im weichen
Schlammboden, fühlt aber das
Vorhandensein einer Beute, wenn
der Schnabel auf sie trifft, und
packt mit dem beweglichen Ende des Schnabels unterirdisch die
Nahrung. Ferner habe ich beobachtet, daß völlig freie, halbzahme
Wildenten einen in gefährliche Nähe kommenden Menschen oder
Hund nur durch Auge oder Ohr wahrgenommen haben. Unter
Wasser spielen das ausgezeichnete Gesicht und das Tastvermögen
des Entenschnabels eine zu große Rolle, als daß man noch das Vor-
handensein eines uns unbekannten Sinnes beim Erlangen der
Nahrung anzunehmen braucht.

Der *Gesichtssinn* ist bei den allermeisten Vogelarten wohl am
besten unter allen Tieren ausgebildet, und der Bau des Vogelauges ist daher auch von vielen Forschern sehr genau untersucht
worden. Die meisten Vögel sind reine Seh- und Hörtiere und
stehen darin uns und vielen Affen sehr nahe, so daß man mit
ihnen auch leicht ähnliche Versuche machen kann wie mit diesen
Säugetieren, eben weil ihre Außeneindrücke auf gleicher Grundlage beruhen. Das Vogelauge ist bis auf wenige Ausnahmen sehr
groß und hat manche Eigentümlichkeit, die es vor dem unsrigen
auszeichnet. So enthält unser gelber Fleck, d. h. die Stelle des
schärfsten Sehens, mit der wir fixieren, ein lange nicht so feines
„Sehraster" wie beim Vogel: es entfallen auf ein Quadrat von
$^1/_{100}$ mm Seitenlänge z. B. beim Bussard 100 Sinneszellen, beim
Menschen aber nur 16 bis 20, so daß das Auflösungsvermögen des

Bussardauges dem unsrigen um das Vier- bis Fünffache überlegen ist. Dazu kommt, daß Affe und Mensch nur über *einen* sogenannten gelben Fleck (Stelle des schärfsten Sehens) verfügen, Vögel aber über zwei, ja manche Arten sogar über drei. Man ist erstaunt, was ein so gutsichtiger Vogel alles bemerkt. Nicht nur, daß er sofort jeden uns zunächst nicht erkennbaren, hochfliegenden Vogel am Himmel selbst gegen die Sonne erkennt, sondern auch für uns ununterscheidbare Dinge auf dem Boden werden richtig gedeutet. Geht man z. B. mit einem zahmen Kolkraben auf dem Arm einen Kiesweg entlang, so fliegt er plötzlich einige Meter voraus, ergreift ein winziges Stückchen Brot und kommt damit wieder zurück. Gut sehende, aber geistig wenig begabte Vögel unterscheiden unbewegte Dinge schlecht: so findet eine Dohle keinen stillsitzenden Grashüpfer und der Habicht kein sich völlig bewegungslos drückendes Rebhuhn.

Ferner ist die Einstellungsfähigkeit des Auges bei solchen Vogelarten, die sowohl in der Luft wie unmittelbar darauf unter Wasser sehen müssen, wie z. B. die Kormorane, für uns ganz unbegreiflich; denn das Fern-Nah-Einstellungsvermögen beträgt hier 40 bis 50 sogenannte Dioptrien; wogegen der Mensch nur 14 bis 15 hat. Das stimmt nun nicht für alle Vögel, denn für Hühner und Tauben ist diese Zahl auf 8 bis 12 angegeben, und Eulen verfügen gar nur über 2 bis 4 Dioptrien; sie können offenbar nichts in nächster Nähe erkennen. Wirft man z. B. einer zahmen Zwergohreule einen Mehlwurm hin, auf den sie sofort mit den Fängen herunterstößt, so kommt es vor, daß er ihr auf der glatten Tischfläche abrutscht und nun unmittelbar vor ihr liegt. Sie kann jetzt nicht einfach nochmals zugreifen, sondern muß erst ein paar Schritte zurückgehen, um ihn wieder aufs neue insAuge zu fassen. Fressende Großeulen, die eine Ratte oder Maus nach Papageienart zum Schnabel führen, schließen die Augen und erkennen durch ihre Sinneshaare den Kopf ihrer Beute, den sie zuerst zu verschlingen pflegen.

Wie bei vielen Kriechtieren sind den lichtempfindlichen Nervenenden der Netzhaut kleine Öltropfen vorgelagert, die gewöhnlich gelblich oder rötlich, bei Nachtvögeln aber mehr farblos oder gar bläulich sind. Man hegt die Vermutung, daß dieses Gelbfilter wie in der Photographie beim Sehen in diesiger Luft von Vorteil ist. Andererseits werden durch Gelb und Rot blaue und grüne

Strahlen abgeschwächt, so daß eine gewisse Rotsichtigkeit eintritt. Bei manchen Vogelarten wird dies wieder dadurch gemildert, daß farblose Ölkugeln zwischen den rötlichen liegen. So gibt es sicherlich Vögel, die ausgezeichnete Blauseher sind, wie ich dies an der gelben Bachstelze und am Goldammer (gelbe Vögel!) nachweisen konnte. Sie gerieten in furchtbare Angst, wenn der Pfleger ein Kleidungsstück trug, das auch nur den geringsten bläulichen Einschlag hatte. Es konnte das tiefe Marineblau eines Matrosen oder eine schwach hell schieferblaufarbige Bluse einer Dame sein; der Helligkeitswert war also nicht entscheidend.

Abb. 74a. Roter Milan. Blickrichtung n. d. Seite.

Die Beweglichkeit des Vogelauges wird gewöhnlich unterschätzt, denn die Bewegung des Augapfels erfolgt in anderer Weise als bei uns und gleicht der der Kriechtiere. Während wir ihn in der Lidspalte hin und her bewegen, folgt der beim Vogel gewöhnlich runde Lidspalt dem Auge mit, d. h. die Pupille bleibt bei jeder Bewegung nach vorn, hinten oder unten immer in der Mitte (Abb. 74a u. 74b). Wie bei den Kriechtieren sind die Augen bewegungen des Vogels häufig ungleichseitig, d. h. der Blick des einen kann nach hinten oben und der des anderen nach vorn und unten gerichtet sein. Am besten sieht man dies bei Vögeln, deren Lider mit langen Wimperfedern eingefaßt sind, wie z. B. beim afrikanischen Hornraben, einem Boden-Nashorn-

Abb. 74b. Schreiadler. Blickrichtung n. vorn.

vogel. Völlig festgewachsen sind die Eulenaugen; keine Eule kann also, wie so oft gesagt wird, die Augen rollen. Eingekeilt sitzen diese beiden röhrenförmigen, also durchaus nicht runden, an kleine Feldstecher erinnernden, knochigen Gebilde in den riesigen Augenhöhlen, die einen großen Teil des Kopfes einnehmen und gegen die das Gehirn nur als kleiner Anhang erscheint. Wird eine Eule irgendwie beunruhigt, so muß sie immer den ganzen Kopf drehen (Abb. 75 u. 76), um nach der gewünschten Richtung zu sehen, und dies verleiht dem Gesichtsausdruck des „drolligen" Kauzes etwas Komisches, zumal die Augen nicht, wie bei den meisten Vögeln, nach der Seite, sondern schräg nach vorn gerichtet sind.

Abb. 75. Waldohreule
sieht seitlich nach unten.

Abb. 76. Schleiereule,
sich nach hinten umsehend.
Schnabel uber der Ruckenmitte.

Der Lidschluß erfolgt bei uns und den meisten Säugern durch Senken des oberen Augenlides, bei Vögeln und Kriechtieren dagegen fast immer umgekehrt, indem das untere Augenlid nach oben gezogen wird. Außerdem verfügen Vögel noch über eine gut ausgebildete, bei uns nur angedeutete Nickhaut, die von innen nach außen unter den Augenlidern über die Hornhaut des Auges gezogen werden kann, was, wie der Lidschluß, oft ungleichseitig geschieht. Bei Eulen herrschen sonderbare Verhältnisse, denn beim gewöhnlichen Lidschlag wird das obere Augenlid nach unten gezogen, und das wirkt verblüffend menschlich, im Schlafe aber geht das untere Augenlid nach oben.

Die Regenbogenhaut oder Iris der Vögel hat wie die der Kriechtiere quergestreifte Muskelfasern, nicht wie bei uns und den anderen Säugetieren die langsamer arbeitenden glatten. Die Erweiterung oder Verengerung des Sehlochs bei Verdunkelung oder bei Lichteinfall erfolgt daher beim Vogel blitzschnell, und zwar sind auch hier die Augen unabhängig voneinander, so daß die beschattete Seite des Vogels eine weite, die besonnte eine enge Pupille aufweist (s. Abb. 77). Für gewöhnlich ist die Regenbogenhaut dunkel, jedoch kommen bei den verschiedensten Arten auch sehr lebhafte Farben vor, die nach Alter und Geschlecht anders sein können; so hat beim malaiisch-australischen Sattelstorch das Weibchen leuchtend hellgelbe, das Männchen dunkelbraune Augen, und hieran kann man die im übrigen gleichgefärbten Geschlechter ohne weiteres unterscheiden. Prachtvolles Rubinrot kommt z. B. beim Brauterpel, bei Bienenfressern, Sichlern (einer Ibisart) vor, die Augen des alten Kormorans leuchten in kräftigem Smaragdgrün, die mancher Laubenvögel sind glasartig türkisblau. Für uns Menschen hat der Blick eines weißen oder hellgelben Vogelauges, wie z. B. bei der Sperbergrasmücke oder beim Kronenkranich, der Dohle, des Sperbers (Abb. 27), beim Königsgeier und auch beim Triel (Abb. 52), etwas unangenehm Stechendes, und der Laie ist mit Unrecht geneigt, diesen Tieren böse Charaktereigenschaften zuzuschreiben. Bei den sehr großen Augen der Eulen sind die verschiedenen Irisfarben der einzelnen Arten besonders auffällig; so haben von unseren gewöhnlicheren einheimischen Formen der Uhu und die Waldohreule feurig gelbrote oder rot-

Abb. 77. Schnee-Eule
mit verschieden großen Pupillen
und Augenöffnungen.

gelbe, die Sumpfohreule schwefelgelbe, der Steinkauz bernstein-
gelbe und Waldkauz sowie Schleiereule ganz dunkelschwarz-
braune Augen. Natürlich ist der Innenbelag des Auges, die
schwarze Aderhaut (Chorioidea), immer unter all diesen äußerlich
sichtbaren Irisfarben vorhanden. Fehlen diese ganz, so erscheint
das Auge blau, wie z. B. bei weißen Hausgänsen. Es handelt
sich dann also um eine Strukturfarbe wie bei blauen Federn,
wo über einer schwarzen Schicht eine fast durchsichtige, farblose liegt. Rote Pupillen, wie wir sie bei Albinos der Säugetiere,
namentlich bei weißen Mäusen und Kaninchen, so häufig finden,
bezeugen ein Fehlen des schwarzen Farbstoffs in der Aderhaut,
also *im* Auge, und solche Tiere sind besonders bei hellem Lichte
sehr behindert. Da dieser Zustand bei höhlenbewohnenden,
riechenden und tastenden Geschöpfen, wie bei den erwähnten
Nagern, nicht so sehr schädigend wirkt, so kommen solche
Stücke auch ohne weiteres zur Fortpflanzung; der Vogel aber
als fast reines Augentier würde sich, besonders im Freien, nicht
erhalten können. Man könnte geradezu sagen: wenn ein Vogel-
weißling überhaupt noch eine Spur von Farbstoff aufzubringen
vermag, so lagert er ihn in der Aderhaut des Auges ein, denn das
ist für ihn am lebenswichtigsten.

Das *Gehör* ist offenbar bei keinem Vogel schlecht entwickelt.
Schon die bei vielen Gruppen sehr ausgebildete Stimmver-
ständigung unter den Einzelwesen spricht dafür; wir hatten ja
auch schon bei den Singvögeln und Papageien darauf hingewiesen, daß sie imstande sind, ihnen vorgesprochene Worte oder
vorgepfiffene Lieder genau so wiederzugeben, wie wir und also
auch die Vögel selbst sie hören. Besonders ausgezeichnet ist
das Hörvermögen der Eulen, namentlich der fast ausschließlich
bei Nacht jagenden Arten. Sie haben allerlei Vorrichtungen, um
ihre großen, zum Teil schlitzförmigen Ohröffnungen zu öffnen,
und häufig auch Ohren, die auf der rechten und linken Seite
verschieden gebaut sind. Dadurch sind sie wohl imstande, sehr
genau den Ort festzustellen, woher z. B. das Geräusch kommt,
das eine nagende, zirpende oder huschende Maus verursacht.
Beim Lauschen wird der vordere Ohrdeckel, der sogenannte
Schleier, aufgerichtet und der Kopf seitlich geneigt, wenn das
Geräusch von unten kommt. Solch nächtliche Jäger dürfen natür-

lich selbst möglichst wenig Lärm machen, und das bei anderen
Vögeln entstehende Fluggeräusch wird durch samtartige Bildungen auf den Federfahnen aufgehoben. Bei Ziegenmelkern kommt
es dabei zur Ausbildung besonderer „Samtleisten".

Im Anschluß an die Betrachtungen über die Sinneswerkzeuge
sei auch des Verhaltens der Vögel gegen Wärme und Kälte
gedacht. Die meisten Vögel vertragen ziemlich hohe Kältegrade,
wenn sie nicht weit herausragende, nackte Teile, wie lange Beine,
Kämme, Kehllappen und dergleichen, haben, die dann, namentlich bei tropischen Formen, in unseren Breiten der Gefahr des
Erfrierens ausgesetzt sind. Besonders die Zehenspitzen frieren,
wenn die Luftwärme bis gegen den Gefrierpunkt fällt, leicht ab.
Unsere Entenvögel pflegen bei Tauwetter noch häufig stehend
auf dem Eise zu schlafen, wird es aber kälter, so legen sie sich
und verstecken die Füße im Bauchgefieder. Dasselbe tun sie
abwechselnd mit dem rechten und dem linken Bein, wenn sie
in eiskaltem Wasser schwimmen. Steißfüße legen in solchen
Fällen den zu wärmenden Fuß über die Tragfedern unter den
Flügel. Kleinere Schnepfenvögel hüpfen bei kühlem Wetter
häufig meterweit auf einem Bein dahin, so daß man denken
könnte, das andere fehle. Auch beim Fliegen werden die nackten
Füße von manchen Vögeln, die sonst die Gewohnheit haben,
beim Flug die Beine nach hinten zu strecken, bei Kälte im
Bauchgefieder verborgen und sind dann, bei Möwen z. B., unsichtbar, bis sie plötzlich bei einer Schwenkung oder vor dem
Landen wieder unter dem Vogel erscheinen. Selbst fliegende
Kampfschnepfen und Kraniche ziehen bei Frost ihre Füße ins
Bauchgefieder, wobei dann die Fersengelenke auf beiden Seiten
des Schwanzes zu sehen sind. Bei Hitze sperren die Vögel,
wie schon erwähnt, den Schnabel weit auf, um durch den Rachen,
häufig unter hechelnden Bewegungen, Wasser zu verdunsten,
da sie ja keine Schweißdrüsen haben; dabei wird das Gefieder
knapp angelegt, und oft werden auch die Flügel etwas gelüftet,
damit die wärmende Luftschicht um den Körper möglichst dünn
wird. Der frierende Vogel plustert sein Gefieder auf und verbirgt die geschlossenen Flügel zwischen den Rücken- und Seitenfedern. Schöner warmer Sonnenschein löst bei bestimmten
Vogelgruppen eine „Sichsonnen-Stellung" aus (s. Abb. 37).

Die Tiere drehen dabei den wärmenden Strahlen den Rücken zu, damit sie zwischen dem gelockerten Gefieder bis auf die Haut durchdringen können; Flügel und Schwanz werden in eigenartiger Weise gebreitet. Doch gibt es ganze Gruppen, die zwar bei kaltem Wetter gern in die Sonne gehen, aber keinerlei besondere Stellung annehmen, dazu gehören z. B. alle Enten- und Schnepfenvögel.

20. Bewegungsweisen
Laufen

Ob die Vögel ursprünglich Baumbewohner waren und sich hüpfend im Gezweige fortbewegten, oder ob sie von laufenden Formen abstammen, von denen ein großer Teil später zum Baumleben übergegangen ist, wissen wir nicht. Wahrscheinlich sind die einzelnen Gruppen zu ganz verschiedenen Zeiten von Baumtieren zu Bodentieren und umgekehrt geworden. Manche Vögel haben die Geh- und Sitzmöglichkeit völlig verloren, wie z. B. der Mauersegler (Abb. 78), der nur fliegen, liegen, hängen und unvollkommen klettern kann. Der Eisvogel vermag sich mit seinen Beinchen und eng zusammenstehenden Zehen ohne Zuhilfenahme der Flügel auf ebener Erde kaum fortzubewegen und hat dies im Freileben ja auch nicht nötig. Mehlschwalben, auch Felsenschwalben verhalten sich ähnlich; die Rauchschwalbe ist schon etwas besser zu Fuß. Im Gegensatz dazu gibt es flugunfähige Vögel, die nur laufen können, wie Strauße, Kiwi, Emu, Kasuare, einige Rallen und der neuseeländische Eulenpapagei, der Kakapo (Strigops). Vielfach wird die mangelnde Flugfähigkeit auch durch das Leben im Wasser ersetzt, wie bei den Pinguinen, die ihre Flügel ausschließlich zum Rudern unter Wasser gebrau-

Abb. 78. 6 wochige, flugge Mauersegler hangen an einem senkrechten Stoffstuck.

123

chen, und zwar auch dann, wenn sie auf der Wasseroberfläche
schwimmen (Abb. 79). Die Beine spielen bei dieser Fortbewegungsweise nur die Rolle eines Steuerruders, sind aber auf dem
Lande recht gut brauchbar, denn die Tiere können laufend und
hüpfend weite Strecken zurücklegen. Im Gegensatz zu den Pinguinen hat sich bei den äußerst gewandt schwimmenden und tauchen-
den Steißfüßen (Podiceps) und Seetauchern (Colymbus) die Flugfähigkeit erhalten, jedoch sind sie kaum imstande zu gehen. Ganz

im allgemeinen stimmt zwar
der Satz, daß Vögel, die gut
fliegen können, schlecht zu
Fuß sind, aber es gibt auch
recht viele Ausnahmen da-
von, man denke z. B. an
viele Schnepfenvögel und
besonders an die Regen-

Abb. 79.　Schwimmender Pinguin.

pfeifer, die ungemein hurtig zu Fuß sind und fliegend Tausende
von Kilometern in einem Zuge zurücklegen können. Auch
Tauben, Flughühner (Pterocletes), Lerchen, Bachstelzen, die
alle ihre Nahrung auf dem Boden zu suchen pflegen, laufen
viel und eifrig umher und sind dabei ebenso ausdauernde wie
geschickte Flieger. Die Fußbildung steht natürlich in enger
Beziehung zu dem Grund und Boden, auf dem sich der Vogel
fortbewegt: während bei den Steppenhühnern (Syrrhaptes) eine
Rückbildung der Zehen erfolgt und eine möglichst kleine Be-

rührungsfläche ausgebildet ist (Abb. 80),
wie z. B. auch beim Pferd und beim
Strauß, brauchen Vögel, die über Blätter
von Schwimmpflanzen hineilen, lange
Zehen, die eine möglichst große Oberfläche bespannen (s. Abb. 40 und besonders Abb. 81). Sehr lange Beine kommen
nicht nur bei Streckenrennern (Strauß)
vor, sondern auch bei Vögeln, die sich
im hohen Gras bewegen, wie namentlich
die Stelzenläufer (Himantopus)(Abb.60b,

a) Von der　b) Die Fuß-
　Seite.　　knochen
　　　　　von oben.
Abb. 80. Fuß des 300 g
schweren Steppenhuhns
(Syrrhaptes). $^1/_2$ nat. Gr.

S. 93), und solchen, die vom Ufer aus ihre Nahrung im Wasser
suchen, wie z. B. Reiher und besonders Flamingos (Abb. 11, S. 8).

Diese bewegen sich trip-
pelnd, wobei sie den
Schlamm, in den sie we-
gen ihrer Schwimmhäute
nicht zu tief einsinken,
aufwühlen, um dann mit
nach unten gekehrtem
Oberschnabel pflanzliche
und tierische Nahrungs-
teilchen nach Entenart
auszuseihen.   Größere
Strecken werden von Rei-
hern und Flamingos stets
fliegend bewältigt, und
die Tiere machen einen
recht unbeholfenen Ein-
druck, wenn man künst-
lich flugunfähig gemachte
zum Laufen zwingt.

Abb. 81. Fuß des 150 g schweren
Blätterhuhnchens (Jacana jacana).
¹/₂ naturliche Größe.

Baumvögel pflegen auch auf dem Boden ihre für das Geäst ge-
schaffene, hüpfende Fortbewegungsweise beizubehalten; jeder
kennt dies vom Sperling, vom Rotkehlchen und anderen Kleinvögeln, aber auch die baumbewohnenden Tukane, Paradies-
und Nashornvögel tun dies. Nur ganz bestimmte Formen, die
sich besonders viel auf dem Boden aufhalten, sind zum eigentlichen Laufen übergegangen, man denke an Bachstelzen, Pieper,
Stare, Lerchen, den Hornraben (ein Nashornvogel); bei laufenden
Krähen wirkt der Gang, wohl wegen der wenig spreizbaren
Zehen, etwas wacklig, viele führen uns, wie z. B. Finken, ein
sonderbares Mittelding zwischen Hüpfen und Laufen, das etwa
dem Polkaschritt entspricht, vor; manche können sowohl laufen
als hüpfen, wie z. B. Drosseln. Daß für alle Singvögel die
Hüpfbewegung das Ursprüngliche ist, ersieht man daraus, daß
sie von jungen Lerchen, die ja später ausgezeichnete Renner
sind, beim Verlassen des Nestes zunächst ausgeführt wird.
Anscheinend kostet es sie noch zu große Anstrengung, den
Körper für die kurze Zeit eines Schrittes auf einem Bein im
Gleichgewicht zu halten.

Klettern

Das Klettern besteht bei fast allen darauf eingerichteten Vogelformen aus einem Emporhüpfen an Rinde oder rauher Fels-

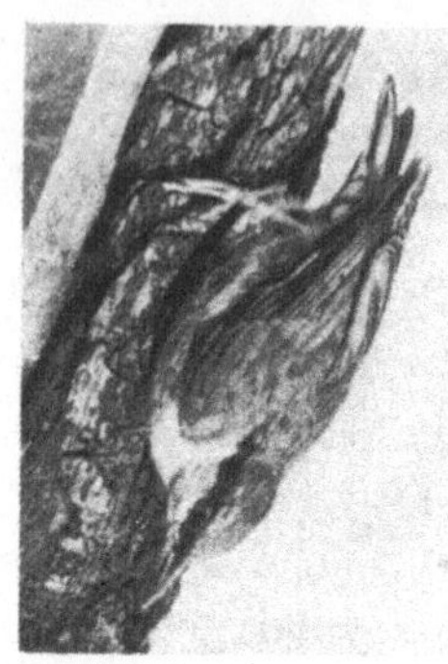

Abb. 82.   Kleiber am
Baumstamm. ¹/₃ nat. Gr.

wand; bei Spechten, Baumläufern und
einigen anderen amerikanischen Formen
ist auch der Schwanz als Stützwerkzeug
beteiligt: in der Ruhe hängt sich der
Specht an die Baumrinde und stützt sich,
um nicht abzugleiten, auf seinen Schwanz
(Abb. 45, S. 77), dessen Federn an der
Spitze besonders hart und borstig sind.
Über die sonderbare Mauser dieses Stütz-
schwanzes hatten wir schon auf S. 77
gesprochen. Unser Kleiber (Sitta) hat
keinen Stützschwanz, dafür aber besonders kräftige Füße mit weit spannen-
den Zehen und Krallen; er hüpft halb
schief am Baum in die Höhe, dreht sich

um (Abb. 82), bearbeitet von oben her die Rinde und kann
auch kopfunter klettern. Papageien und Kreuzschnäbel bedienen sich beim Klettern auch ihres Schnabels: sie haken den
Oberschnabel ein, lassen die Beine los, suchen sich weiter oben
einen neuen Stützpunkt dafür und können sich so im Gezweige,
an einer Drahtwand oder an rauher Rinde emporarbeiten.

Fliegen

Außer den Fledermäusen sind die Vögel die einzigen Wirbeltiere, die fliegen können; die besondere Ausbildung der Flügelfedern an der Hand und am Unterarm (Abb. 83 und 5a) befähigt sie dazu. Natürlich sind die entsprechenden Knochenteile
auch besonders zum Ansatz der großen Flugfedern umgewandelt,
und die Hand des Vogels sieht daher sehr anders aus als die eines
Säugetieres oder einer Eidechse; das Skelett von Hand und Arm
besteht zwar im wesentlichen bei Vögeln und Säugetieren aus
denselben Knochen, doch sind sie anders gestaltet und gelagert.
Die meisten Vögel haben zehn Handschwingen, bei einigen ist
die äußerste verkümmert wie bei verschiedenen Singvögeln,
bei anderen steigt die Zahl auf 11 und 12 an (Taucher und Fla-

mingos). Die Zahl der Armschwingen, die übrigens stets nur am Unterarm ansetzen, wechselt je nach den Vogelgruppen sehr. Bei Kolibris und Seglern ist sie gering, etwa 6, bei manchen Sturmvögeln und den Pelikanen groß, etwa 20. Der Daumen ist stets frei beweglich eingelenkt und trägt besondere, meist den Handschwingen in Farbe und Form entsprechende Federn (Abb. 5b, S. 5). Stark abgespreizt dient er wendigen Vögeln als Vorflügel. Die Längenverhältnisse zwischen Oberarm, Unterarm und Hand sind sehr verschieden und richten sich ganz nach der Flugweise der betreffenden Vogelform.

Auf die feineren Verhältnisse des Vogelflügels, der in neuester Zeit sehr genau untersucht worden ist, einzugehen, ist hier nicht der Platz; wir wollen uns mit einem Überblick über die verschiedenen *Flugweisen* und ihren Zweck begnügen. Sehr oft wird die Frage gestellt: Welcher Vogel fliegt am besten? Und diese läßt sich nicht so ohne weiteres beantworten, denn es kommt sehr darauf an, zu welchem Zweck ein Vogel zu fliegen hat. Die ausdauernden Streckenflieger brauchen durchaus keine Schnellflieger zu sein, namentlich, wenn sie von der Höhe aus das Gelände sorgfältig und langsam absuchen müssen, wie z. B. Möwen und Geier. Hier handelt es sich darum, mit wenig Muskelarbeit langsam dahinzugleiten, ohne an Höhe zu verlieren. Müssen Vögel große Strecken oft gegen starken Wind in möglichst kurzer Zeit durcheilen, wie z. B. viele Regenpfeifer, Enten, Steppenhühner, so bewährt sich ein Flügel, der lang, schmal und spitz ist (Abb. 83 oben), am besten. Ist es für einen Vogel arterhaltend, sich wendig im dichten Gezweig zu bewegen, sei es, daß er der Verfolgung entgehen muß wie sehr viele unserer Kleinvögel, oder daß er einer Beute nachzujagen hat, die versteckt lebt, so ist Ausdauer weniger wichtig als Wendigkeit des Fluges bei rascher Bremsung; man beobachte z. B. einmal einen Eichelhäher, der im Gelaube eines Baumes äußerst geschickt von oben nach unten und von unten nach oben fliegt, oder einen Sperber (Abb. 83 unten), der mit rasender Anfangsgeschwindigkeit eine fliegende Beute überrascht, aber auch blitzschnell bremsen muß, wenn sie, ihm entwischend, in einem Dornbusch verschwindet. Allen diesen Anforderungen wird bei den einzelnen Vogelgruppen durch den verschiedenen Bau des Körpers,

der Flügel und der Schwanzfedern je nach Bedarf mehr oder
weniger vollkommen genügt. Man mache sich aber klar, daß der
Vogel nicht wie ein Flugzeug nur allein zum Fliegen da ist,
er muß ja seine Flügel auch zusammenlegen können, und sie
dürfen ihn bei den sonstigen lebenswichtigen Bewegungen nicht
stören.

Abb. 83. Oben: Linker Flugel des Steppenhuhns (Syrrhaptes) 30 cm
lang. Tragfläche des Flugels 190 qcm. Korpergewicht 300 g.
Unten: Linker Flugel des ebenso schweren Sperberweibchens (Acci-
piter nisus). Tragfläche des Flugels etwa 290 qcm, also im Verhaltnis
zu dem vorigen 3 : 2. Flugellänge auch 30 cm.

Die einfachste Form des Fliegens ist der sogenannte *Ruderflug*, wobei die weitgeöffneten Schwingen scheinbar nur auf und
ab, in Wirklichkeit aber von vorn oben nach hinten unten geschlagen und dann entgegengesetzt, aber rascher zurückbewegt
werden. Beim Abwärtsführen schließen sich die Federfahnen
ventilartig gegeneinander und verhindern den Durchtritt der
Luft (Jalousiewirkung), wobei sich die Wölbung der Flügelfläche

vergrößert; das ist also der eigentlich wirksame Flügelschlag. Bei der Rückbewegung lockern sich der innige Verband der Federn und die Gelenke, der Flügel wird kleiner und zugleich luftdurchlässiger (Verminderung der Reibung). Je nach der Kraft der Flügelschläge fliegt der Vogel schneller oder langsamer, oder er kommt durch stärkeres Anstellen der Flügelfläche in die Höhe und umgekehrt. Beim Landen und Im-Wind-Fliegen kann die Flügelfläche entweder durch Einwinkeln von Hand- und Ellbogengelenk oder durch steiles Hochheben oder tiefes Senken des geöffneten Flügels verkleinert werden. Dies ist nach Gruppen verschieden. Lange, spitze Flügel bei Tropfenform des Körpers, wozu häufig ein nach hinten in ein oder zwei Spitzen ausgezogener Schwanz kommt, befähigen zu raschem, aber häufig wenig wendigem Fluge; kurze, runde Flügel und ein langer, straffer Schwanz ermöglichen höchste Wendigkeit. Sind die Tragflächen im Verhältnis zur Körperschwere sehr groß, so kann der Vogel selbst bei sehr leichtem Aufwinde ohne Flügelschlag, also ohne Muskelarbeit, *segeln* (Abb. 84) oder, wie man früher sagte, schweben; man ver-

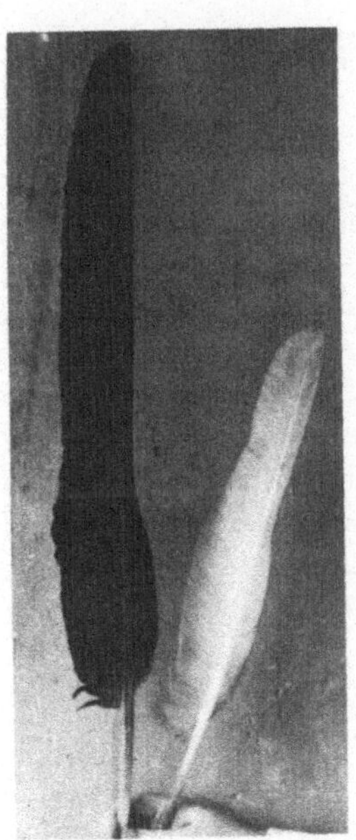

Abb. 84.

Abb. 85.

Abb. 84. Die längsten Handschwingen zweier gleich schwerer Vögel (etwa 10 kg). Weiß: (nat. Gr. 45 cm) vom ruderfliegenden Höckerschwan, schwarz: (nat. Gr. 67 cm) vom segelfliegenden Kondor.

Abb. 85. Steinadler beim Abflug, Vortriebsfedern gespreizt.

steht darunter das Gleiten ohne Höhenverlust oder gar mit Höhengewinnung. Zu diesem Segeln ist ein gewisses Mindestgewicht des Vogels nötig, das etwa 150 g beträgt. Mauer„segler" können also nicht segeln, sondern nur, entsprechend einem Schlittschuhläufer auf dem Eise, nach erlangter Anfangsgeschwindigkeit ein Stück dahinschießen. Segelnde, sehr großflüglige Landvögel, also Geier, Adler, Kraniche, Störche, haben regelmäßig sehr ausgebildete, sogenannte Vortriebsfedern (s. Abb. 85), d. h. die äußersten Handschwingen stehen wie gespreizte Finger auseinander, wenn der Flügel ausgestreckt wird. Diese Vortriebsfedern

Abb. 86. Segelnder Steinadler.
Durchbiegung der Handschwingenspitzen (Vortriebsfedern).

dienen dazu, dem im Aufwind segelnden Vogel ohne Muskelleistung einen Vortrieb zu geben (Abb. 86). Der die Fahnen tragende Kiel liegt ganz am Vorderrande, so daß ein Druck von unten, also von der Luft, auf der der Vogel liegt, die breite Innenfläche schräg aufbiegt und damit den ganzen Vogel nach vorn treibt, so wie wir dies in waagerechter Richtung bei den schräg gegen den Wind gestellten Windmühlenflügeln zu sehen gewohnt sind, die sich, gegen den Wind eingestellt, drehen.

Das Gegenteil vom Segelflug ist der Schwirrflug, eine Form des Ruderfluges, wobei die Flügel überaus rasch geschlagen werden; er ermöglicht es, bei ruhender Luft an einer Stelle zu stehen, und ist bei den Kolibris am besten ausgebildet. Sie „stehen", ähnlich wie die Schwärmer unter den Schmetterlingen oder wie die sogenannten Schwebefliegen, sekundenlang vor den Blütenkelchen, aus denen sie Honig und kleine Insekten entnehmen, und die Bewegung der Flügel geht so geschwind vor sich, daß ein nebliger Halbkreis den steil gehaltenen Vogelkörper beiderseits zu umgeben scheint. Die kleineren, etwa 2 g

130

wiegenden Arten machen dabei ungefähr 60 Flügelschläge in der Sekunde, die größeren weniger. Kolibris können, ähnlich wie viele Insekten, auch rückwärts fliegen. Dem Schwirrflug vergleichbar ist das Rütteln größerer Vögel, das man beim Turmfalken, Fischadler und bei den Seeschwalben am besten sehen kann, wenn sie eine Beute ins Auge fassen, um sich dann auf sie herabfallen zu lassen.

Viele Vögel legen in den Ruderflug einen mit weit ausgebreiteten Schwingen ausgeführten Gleitflug ein, wie z. B. die meisten Hühnervögel, der Sperber, die Stare und andere. Kleinere Formen bedienen sich für größere Entfernungen des „hüpfenden" Fluges, indem sie nach kurzem, raschem Anstieg unter Höhenverlust mit zusammengelegten Flügeln wie ein Bolzen dahinschießen; so erlangt z. B. eine Bachstelze oder ein Buntspecht eine Geschwindigkeit, die bedeutend größer ist, als wenn der Vogel während der Pausen seines Ruderfluges die Schwingen ausgebreitet hielte, denn mit zunehmender Geschwindigkeit wächst auch die Größe des Luftwiderstandes; Kleinvögel haben nämlich eine große Fluggeschwindigkeit und verhältnismäßig größere Tragflächen als große Vögel.

Die Eigengeschwindigkeit, also die Fortbewegung innerhalb der Luftmasse, ist bei vielen Vogelarten sehr genau bestimmt worden; vom Laien wird sie meist überschätzt, und kein Vogel fliegt so rasch wie ein durchschnittliches Flugzeug. Eine Tabelle besagt dies am besten. Es sei vorausgeschickt, daß eine Brieftaube bei Windstille im ruhigen Dauerflug 60 km in der Stunde zurücklegt, was 16 bis 17 m in der Sekunde, also der Fahrgeschwindigkeit eines Personenzuges entspricht.

Brieftaube . .	16—17 m/sek	Star	20,5 m/sek
Eisvogel . . .	16 „	Stockente	29 „
Zeisig	15,5 „	Krickente	33 „
Buchfink . . .	14,6 „	Amerik. Stachel-	
Nebelkrähe . .	14 „	schwanzsegler .	40 „
Sperber . . .	11,5 „	(Chaetura)	
Kormoran . .	19,5 „		

Dieser letztere Segler legt also 144 km in der Stunde zurück.

Verfolgte oder verfolgende Vögel können für kurze Strecken natürlich auch schneller fliegen; so flog ein Kormoran 15 km weit

105 Stundenkilometer (= 29,2 m/sek) vor einem Flugzeug her. Eine ebenso verfolgte Graugans vermochte ihre Geschwindigkeit nicht über 90,5 Stundenkilometer zu steigern.

Man lasse sich nicht durch Zeitungsberichte irreführen, die besonders hohe Reiseleistungen, namentlich bei Brieftauben, enthalten, und überlege sich, daß beim Flug Gegenwind eine behindernde, Rückenwind eine beschleunigende Rolle spielt. Oststürme von ungefähr 120 km Stundengeschwindigkeit haben es vermocht, daß von England nach Irland ziehende Kiebitze in etwa 18 Stunden an die nordamerikanische Ostküste gekommen sind. Diese Tiere wurden also stündlich um 120 km nach Westen geschoben bei einer Eigengeschwindigkeit von ungefähr 60 km.

Leider ist die Dauergeschwindigkeit des Steppenhuhns (Syrrhaptes paradoxus), das von Freiheitsbeobachtern als der schnellste Vogel bezeichnet wird, nicht gemessen worden. Die Form seiner Flügel (Abb. 83) und des Schwanzes, die alle in lange Spitzen ausgezogen sind, spricht für eine ganz unglaubliche Leistung.

Die für gewöhnlich auf langen Wanderungen eingehaltene Flugdauer ist natürlich bei den einzelnen Arten sehr verschieden; auf diese Dinge ist *v. Lucanus*, „Zugvogel und Vogelzug", im 7. Bande dieser Bücherreihe schon näher eingegangen. Es scheint, daß sich viele Vögel, wenn die Örtlichkeit sie nicht zu weiteren Wanderungen zwingt, auf etwa 120 km am Tage beschränken; dies schließt nicht aus, daß gewisse Regenpfeifer in einem Zuge von ihrer nordischen Heimat bis zu den ozeanischen Inseln mindestens 3000 km fliegen, denn dazwischen ist kein Land, auf dem sie ausruhen und Futter suchen könnten, und ein Niedergehen aufs Wasser wäre für die Tiere nur ein Zeitverlust, der mit zu langem Fasten verbunden wäre. Sicher ist, daß die Küstenseeschwalbe (Sterna paradisaea) jährlich zweimal 17000 km zurücklegt; sie nimmt sich dazu allerdings wohl ziemlich viel Zeit, denn sie zieht fischend von den Küsten des Nord- bis zu denen des Südpolargebietes und zurück. Ähnlich verhält sich die Buntfuß-Sturmschwalbe (Oceanites oceanicus), nur hat sie ihre Brutheimat im Süden und überwintert im Norden, die Küstenseeschwalbe macht es umgekehrt.

Bei den verschiedenen Flugweisen, der Geschwindigkeit und der Ausdauer ist noch folgendes zu berücksichtigen. Kleinere

Vögel haben im Verhältnis größere Tragflächen als ihnen nahe
verwandte größere Formen; so überragen bei den kleineren
Wildgans- und Möwenarten die zusammengelegten Flügel (die
längsten Handschwingen) die Schwanzspitze mehr als bei ihren
großen Verwandten, trotzdem sie alle dieselbe Flugweise haben.
Das muß so sein, weil beim Niederschlag des Flügels die ge-
troffenen Luftteilchen unter einem kleinen Flügel schneller über
den Rand entweichen als bei einem großen.

Vögel, die im Fluge ihre Schwingen andauernd und rasch
bewegen müssen, brauchen eine sehr ausgebildete Brustmuskulatur und einen hohen und langen Brustbeinkamm, an dem sie
ansetzt (Abb. 87a u. b). Umgekehrt hängen sich großflüglige
Segelflieger mehr mit Knochen und Bändern in die Luft, so daß
sie wenig ermüden. Brustbein, Gabelbein (Schlüsselbein) und
das riesige Rabenschnabelbein (Coracoid) des Schultergürtels

Abb. 87. Verschiedene Brustbeine nebst Schultergurtel. $K =$ Brustbeinkamm, $R =$ Rabenschnabelbein (Coracoid), $G =$ Gabelbein
(verwachsene Schlusselbeine), $Sch =$ Schulterblatt.

a) Kolibri, Ricordia
ricordi (Schwirrflieger).
$^3/_4$ nat. Gr.

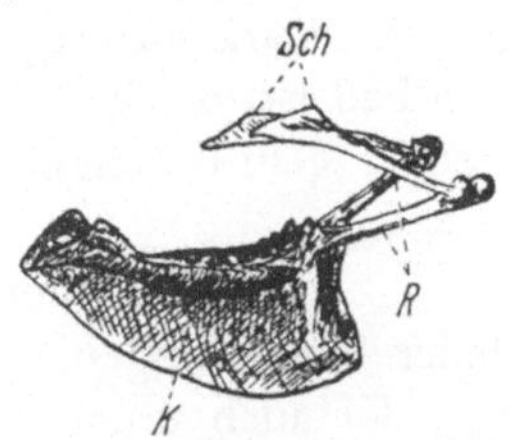

b) Wellensittich (Schnellruderer
ohne Gleitflug, kein Gabelbein!).
$^5/_6$ nat. Gr.

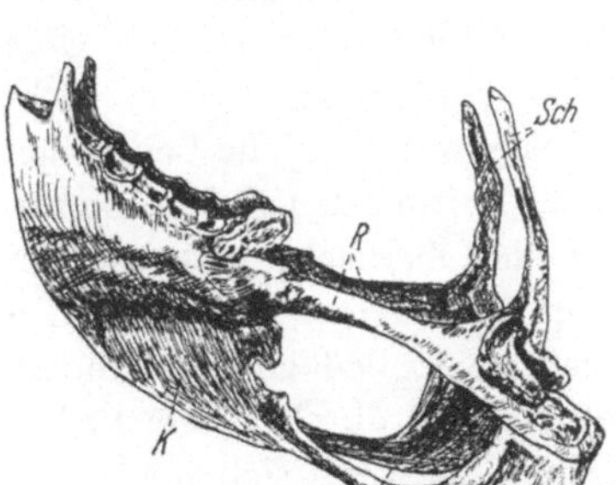

c) Pelikan (riesiges, starr ver-
wachsenes Gabelbein, kurzer
Brustbeinkamm). $^1/_5$ nat. Größe.

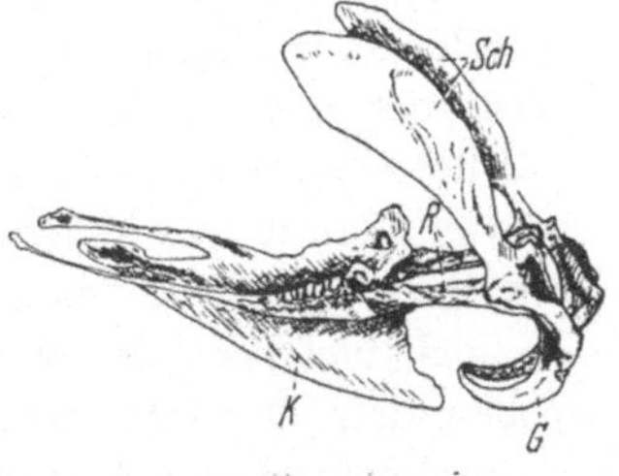

d) Brillenpinguin
(verbreiterte Schulterblätter).
$^1/_4$ nat. Gr.

bilden ein einheitliches Gestänge, an dem — ziemlich weit vorn —
die verhältnismäßig gering entwickelte Muskulatur sitzt (s. Ab-
bildung 87 c). Bei dauernd rasch flügelschlagenden oder schwir-
renden Vögeln, wie namentlich australischen Plattschweif-
sittichen, darunter auch beim Wellensittich, fehlt das Schlüsselbein ganz (Abb. 87 b); es heißt übrigens beim Vogel Gabelbein,
weil das rechte und das linke Schlüsselbein in der Mitte ver-
wachsen sind. Die Flugmuskeln sind bei ausdauernden Fliegern
rot, wie es jeder von der Taube her kennt. Die mit großer
Muskelkraft und kleinen Tragflächen dahineilenden Hühner und
Steißhühner haben weiße Brustmuskeln, also solche, die auf
sehr starke, aber kurze Leistung eingerichtet sind. Die weiße
Muskulatur ist bei den angeführten Gruppen gewaltig entwickelt und beträgt bei vielen ungefähr $1/_3$ des ganzen Körpergewichts. Man beachte einmal an einem Putenbraten, daß das
Fleisch der Brust weiß und das der Beine, die auf ausdauerndes
Laufen berechnet sind, rot ist. An Gefangenschaftstieren kann
man beobachten, daß die rote Brustmuskulatur bei Nicht-
gebrauch sehr stark zurückgeht, was bei weißbemuskelten Vögeln
nicht der Fall ist, da diese im Freien ja wohl auch oft tagelang
von ihren Flügeln keinen ausdauernden Gebrauch machen.

Schwimmen und Tauchen

Da jeder Vogel wegen seiner umfangreichen, im Innern des
Körpers oder auch unter der Haut liegenden Luftsäcke sowie
wegen seiner, namentlich bei den größeren Arten, fast ganz
hohlen Knochen leichter ist als das Wasser, so sinkt er nicht
unter. Nun geraten aber auf das Wasser verschlagene Landvögel
gewöhnlich so in Angst, daß sie nicht nur mit den Füßen rudern,
sondern auch mit den Flügeln auf die Oberfläche schlagen, um
sich zu befreien. Gelingt ihnen dies nicht sofort, so bekommen
sie so viel Wasser ins Gefieder, daß sie schließlich verklammen
und sterben. Natürlich sinken sie bei völlig durchnäßtem Federkleide auch viel tiefer ins Wasser ein, als wenn sich noch Luft
darin befindet. Der Unterschied des spezifischen Gewichts eines
nicht durchnäßten Vogels und eines solchen, dessen Federn sich
völlig mit Wasser durchtränkt haben — was also einem nackten
Vogel entspricht —, ist recht erheblich, wie folgender Versuch

zeigt: ein äußerlich unverletzt getöteter, tadelloser Stockerpel
wog 1337 g und verdrängte, nachdem ihm die zusammengelegten Flügel in die Tragfedertaschen gelegt waren, also in der
natürlichen Körperhaltung, 2060 ccm Wasser. Derselbe säuberlich gerupfte Vogel wog 1270 g und verdrängte 1390 ccm Wasser,
d. h. zwischen den 67 g wiegenden Federn waren 650 ccm Luft,
und das spezifische Gewicht des befiederten Tieres betrug 0,6,
das des gerupften 0,91, es ragte also, im Wasser treibend, nur
wenig über die Oberfläche heraus. Bei allen Schwimmvögeln,
mit Ausnahme der Kormorane und Pelikane, liegen die geschlossenen Flügel in einer wasserdicht abschließenden Feder-
tasche, d. h. unter den sogenannten Tragfedern, aus denen
hinten nur die Ellbogenfedern und Handschwingenspitzen hervor-
zuragen pflegen (Abb. 88). Sie schwimmen also wie in einem
Kahn, in dem nicht nur der Körper trocken liegt, sondern auch
die Flügel vor Nässe geschützt sind. Es gibt eine bekannte
Scherzfrage: „Möchten Sie ein Schwan sein?" Auf die dann
die Antwort lautet: „Na, ich danke dafür, den ganzen Tag mit
dem Bauch im kalten Wasser zu liegen." Leider ist in diesem
sogenannten Witz die Voraussetzung falsch, denn der Bauch
des Schwans ruht ja in einem wasserdichten, warmen Feder-
polster. Sobald dies irgendwie schadhaft wird, flüchtet das Tier
ans Land und geht nur gezwungen ins Wasser. Gerät einem
Schwimmvogel Feuchtigkeit in die Tragfedern oder unter die
Flügel, so wird er sich
stets nach einigen Badebewegungen aufrichten und
heftig mit den Flügeln
schlagen, um die Tropfen
abzuschütteln, was man
„sich flügeln" nennt. Diese
Bewegung wird auch von
Land- und Sumpfvögeln,
die sich im Wasser oder
Staube gebadet haben, ausgeführt.

Abb. 88. Schwimmender Brauterpel.
Die geschlossenen Flügel sind zum
größten Teil unter den waagerecht
weiß geränderten Seitenfedern (Tragfedertaschen) wasserdicht verborgen.

Da der befiederte Vogel
viel leichter ist als das

Wasser, so schwimmt er ganz von selbst auf der Oberfläche;
trotzdem hört man auch von Gebildeten beim Anblick winziger
Entenküken so oft den verwunderten Ausruf: „Sieh mal, die
können schon schwimmen!" Die Leute bedenken eben nicht,
daß auch das tote, gut eingefettete Entenküken nicht unter-
sinkt. Es ist also nicht verwunderlich, daß es schwimmen, wohl
aber, daß es in der ersten Stunde, wo es aufs Wasser kommt, bereits
tauchen kann, denn dazu gehört eine ziemliche Geschicklichkeit
und eine gewaltige Anstrengung der nach oben strampelnden
Ruderfüßchen. Hört diese Ruderbewegung auf, so schnellt das
Entchen ohne sein Zutun wie Kork nach oben. Dieses Tauchen
üben die wenige Stunden alten Jungen sofort, wenn sie aufs
Wasser kommen, und zwar auch bei den Arten, die sich sonst
wenig mit dem ganzen Körper unter die Wasseroberfläche begeben,
und man hat das Gefühl, daß es, arterhaltend, geübt werden muß,
denn es könnte ja sofort ein Rohrweih erscheinen.

Beim Schwimmen auf dem Wasser werden die Füße stets
abwechselnd, also wie beim Laufen, bewegt. Wird der Fuß
nach vorn gebracht, so sind die Schwimmhäute und Zehen in-
einandergefaltet und die Zehengelenke gebeugt, so daß fast kein
Druck gegen das Wasser ausgeübt wird. Außerdem haben sehr
gute Schwimmer messerschneidenartig zusammengedrückte
Laufknochen; bei der Ruckwärts-, also eigentlichen Ruderbewegung
sind die Zehen und also die Schwimmhäute völlig gespreizt (Abb. 89), so daß
der Körper durch die mächtig bemuskelten Beine rasch nach vorn getrieben wird. Von der ungeheuren Schnellkraft der
Füße kann man sich überzeugen, wenn man eine Tauchente in die Hand nimmt; es kann vorkommen, daß die nunmehr in

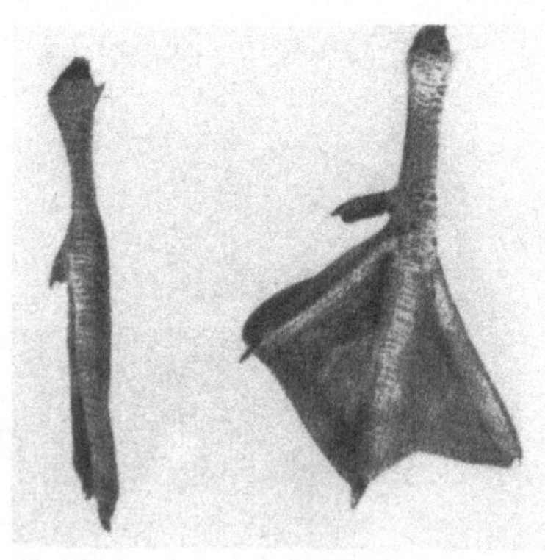

Abb. 89. Fuß der Stockente mit zusammengelegten und mit gespreizten
Schwimmhäuten.

der Luft ausgeführten, raschen, ruckweisen, starken Streckbewegungen zu einer einige Tage anhaltenden Verstauchung der Ferse führen. Eine Ausnahme in dieser Schwimmbewegung macht nur der in Prahlstellung angreifende Höckerschwan, denn er bewegt seine gewaltigen Ruder gleichzeitig, so daß das Wasser bei jedem Ruderstoß vor seiner Brust neu aufschäumt; übrigens fördert diese kraftstrotzende Schwimmweise wohl nicht mehr als das Strampelschwimmen des mit glatt angelegtem Gefieder vorauseilenden Verfolgten.

Das *Tauchen* wird bei den meisten Vögeln durch einen Sprung in die Wasserfläche hinein eingeleitet, jedoch vermögen es viele, den Körper auch langsam zu versenken, sie klemmen dann die Flügel und das gesamte Gefieder hart an, entleeren wohl auch ihre Luftsäcke, machen sich also spezifisch schwerer und rudern mit den Beinen stark von unten nach oben, während sie Kopf und Hals ins Wasser stecken. Für viele fischende Vögel ist es bezeichnend, daß sie, wenn sie hungrig werden, den Kopf bis hinter die Augen unter die Oberfläche halten, um so ungestört durch Spiegelung und Kräuselung das Wasser unter sich zu durchspähen. Außer den Pinguinen schwimmen fast alle Wasservögel *auf* der Wasseroberfläche nur mit Hilfe der Beine, während *unter* Wasser einige Meerestauchenten und die Wasseramsel (Cinclus) ihre Flügel mitgebrauchen. Alke, Lummen und Pinguine benutzen tauchend ausschließlich die Flügel und strecken die Beine steuernd nach hinten. Die Lappen- und Seetaucher sowie die übrigen Tauchenten halten unter Wasser ihre geschlossenen Flügel wasserdicht unter den Tragfedern versteckt während ihre rudernden Füße den Körper vorwärts treiben wie eine Schiffsschraube.

Kormorane können dies wegen ihrer großen Flügel und des Fehlens geeigneter Federtaschen nicht, und die halboffenen, aber zur Fortbewegung nicht gebrauchten Flügel werden seitlich vom Körper abgehalten. Dies ist der Grund, weshalb Kormorane sich nicht wie entenartige Vögel ruhend auf dem Wasser aufhalten, sondern es nur zum Fischfange besuchen; gesättigt fliegen sie dem Lande zu und trocknen lange die ausgespannten Schwingen, wobei sie gleichsam das Bild eines Wappenadlers darstellen (s. Abb. 90). Pelikane, die als Verwandte der Kormorane auch keine

Tragfedern haben, schwimmen mit eigentümlich geschürzten Flügeln, um eine Berührung der Schwingen mit Wasser zu vermeiden. Die großen Arten können wegen ihrer Leichtigkeit —

Abb. 90. Kormorane trocknen nach dem Fischen die Flügel.

die ganze Haut ist mit Luft gepolstert — überhaupt nicht tauchen, die kleineren Meerespelikane sind Stoßtaucher, d. h. sie fliegen ähnlich wie Tölpel, Seeschwalben und Stoßfischer (gewisse Eisvögel) über das Wasser dahin und lassen sich aus der Höhe herab stoßtauchend auf den erspähten Fisch fallen, wobei sie für kurze Zeit unter die Oberfläche geraten; ähnliches tut auch der Fischadler, nur benutzt er zum Ergreifen der Beute nicht, wie die erwähnten Formen, den Schnabel, sondern die Krallen. Der beste Stoßtaucher ist wohl der Tölpel, der aus beträchtlicher Höhe senkrecht ins Meer hineinschießt, und die Tatsache, daß ihm die Nasenlöcher fehlen (Abb. 91), hat wohl darin eine Bedeutung, daß ihm bei dem gewaltigen Anprall auf die Wogen kein Wasser in die Lungen gedrückt wird.

Die beste Sonderausbildung für das Schwimmen und Tauchen auf dem Meere zeigen die auf der Südhalbkugel beheimateten Pinguine. Sie durften wegen des Fehlens von Landraubtieren

Abb. 91. Tölpel (Sula) im weißen Alters- und im gefleckten Jugendkleid. Nasenlöcher fehlen!

ihre Flugfähigkeit ganz aufgeben und den Bau ihres Körpers völlig dem Aufenthalt auf und im Wasser und an den Küsten anpassen. Sie erreichen durch den Verzicht auf Tragfedern und lufthaltige Schwingen und Knochen ein hohes spezifisches Gewicht, so daß nunmehr die zu Flossen umgebildeten Flügel mit ihren sehr ausgebildeten Muskeln und dem einem Flugvogel sehr ähnlichen Brustbein und Schultergerüst auch beim ruhigen Schwimmen in der Meeresfläche dauernd unter Wasser arbeiten können. Der Körper sinkt dabei bis zum Rücken ein (Abb. 79, S. 124). Da die Flügel auch nach vorn gegen den Wasserdruck beim Bremsen und Wenden gebraucht werden müssen, sind die Schulterblätter besonders stark verbreitert (Abb. 87d, S. 133).

Tauchtiefe und *Tauchdauer* der Vögel wurden früher vielfach überschätzt. Neuere Beobachtungen haben gezeigt, daß Alke und Lummen, Steißfüße und Seetaucher, Kormorane und einige Meeresenten die besten Taucher sind. Über die ausgezeichnet unter Wasser fischenden Pinguine liegen noch wenig genaue Versuche vor. Natürlich ist die Art und Weise, wie sich diese Formen unter Wasser bewegen, je nachdem sie nur mit den Beinen oder nur mit den Flügeln rudern, oder ob sie schnell schwimmenden Fischen nachjagen oder Wasserpflanzen oder Muscheln in der Tiefe abrupfen, sehr verschieden. Pinguine schwimmen unter Wasser bis zehn Meter in einer Sekunde.

Über die Tauchleistungen der Vögel unserer Breite gibt es sehr zuverlässige Feststellungen. Wenn man nicht mit der Uhr in der Hand beobachtet, so überschätzt man die Tauchdauer regelmäßig, denn für gewöhnlich bleiben unsere einheimischen Tauchentenarten nur $^1/_2$ bis $^3/_4$ Minuten unter Wasser, eine Zeitspanne, die dem auf das Auftauchen wartenden Menschen stets viel länger erscheint. Die fischfangenden Seetaucher- und Sägerarten sowie die Samtenten (Oidemia) scheinen freiwillig bis zu 2 Minuten unter Wasser zu bleiben, jedoch beschränken sie sich gewöhnlich auf die Hälfte dieser Zeit. Die meisten Vogelarten haben eine ganz gewisse Tauchtiefe, weil gerade dort ihre Hauptnahrung vorkommt, das sind ungefähr 1 bis 3 m; es ist wohl erwiesen, daß Eiderenten, Kormorane und Pinguine bis zu etwa 19 m Tiefe vordringen, das sind aber Ausnahmen. Große Irrtümer sind dadurch entstanden, daß man verendete Tauchvögel

aus den unteren Maschen von Senknetzen herauszog, die ein
halbes Hundert Meter und mehr versenkt waren; in diesen Fällen
ist mit Sicherheit anzunehmen, daß sich die Tiere schon beim
Hinunterlassen oder beim Heraufbringen der Netze verstrickt
hatten. Zusammenfassend sei noch erwähnt, daß das Bläßhuhn
(Fulica) und die Wasseramsel (Cinclus) die geringste Tauchtiefe
und Tauchdauer haben, also die schlechtesten Taucher sind.
Die besten finden wir unter den Kormoranen, Seetauchern,
Steißfüßen, Sägern, Meerestauchenten und namentlich den Pinguinen. Alle entenartigen Vögel (Anatidae), also Schwäne,
Gänse, Enten und Säger, können tauchen, mit Ausnahme des
alten Höckerschwans. Die eigentlichen Enten teilt man in die
mehr langgestreckten Schwimm- oder Gründelenten, die ihre
Nahrung auf oder dicht unter dem Wasserspiegel suchen, und
in die mehr rund gebauten, flach auf dem Wasser liegenden, an
der stark gelappten Hinterzehe kenntlichen Tauchenten ein, die
beim Nahrungserwerb völlig unter dem Wasser verschwinden.
Von beiden gibt es bei uns je etwa ein halbes Dutzend Arten.

Die Tauchfähigkeit ist bei den einzelnen Vogelgruppen in
recht verschiedener Weise erreicht worden, und man muß sich
darüber klar werden, daß Fliegen und Tauchen genau die ent-
gegengesetzten Anforderungen an den Vogelkörper stellen. Der
Flugvogel soll leicht mit großen Flügeln, der Taucher aber
möglichst schwer sein, denn sonst kommt er nicht recht unter
die Oberfläche; am besten wäre es natürlich für Tauchvögel,
wenn sie alle völlig flugunfähig wären, und das haben ja die
Pinguine, der ausgestorbene Riesenalk, die große Dampfschiffente (Tachyeres), einige Steißfußarten und eine Galapagos-
Kormoranform (Nannopterum harrisi) erreicht. Alle diese
können sich die Flugunfähigkeit deshalb leisten, weil sie im
Winter nicht wegzuziehen brauchen oder auf einsamen Inseln
ungefährdet leben, oder weil für sie, wie bei den Pinguinen,
überhaupt keine Landfeinde in Betracht kommen.

21. Die geistigen Fähigkeiten

Der Fernerstehende verwechselt bei der Einschätzung einer
erfolgreichen Handlung eines Tieres sehr oft Verstand oder Klugheit, d. h. sinngemäße Verwertung persönlich erworbener Er-

fahrungen, mit den Ergebnissen von Triebhandlungen. Triebe sind angeboren und natürlich in der richtigen Umgebung der betreffenden Tierform arterhaltend. Sie gehören ebenfalls in das Gebiet der Psychologie oder Seelenkunde. Vielen Tierfreunden geht es gegen den Strich, daß ein Tier, namentlich ihr Tier, „dumm" sein könnte, denn sie lesen aus diesem Worte einen Tadel heraus, den sie auf ihrem Liebling nicht sitzen lassen möchten. Wir wollen hier unter „klug" das Vorhandensein hoher geistiger Fähigkeiten und von Verstandesleistung, unter „dumm" das Gegenteil davon verstehen, ohne ein Werturteil für das Tier damit zu verbinden. Unwillkürlich stellt man an ein Steppentier andersgeartete geistige Ansprüche als an einen Wald- oder an einen Wasserbewohner, und man wird zu der Überzeugung kommen, daß es in allen drei Gruppen sowohl kluge wie dumme Arten gibt. Es kommt schließlich auf die Arterhaltung an, und die kann ebensowohl durch ein ausgebildetes Gehirn wie durch gute Flug- oder Schwimmfähigkeit oder durch Erzeugung recht zahlreicher Nachkommenschaft gewährleistet werden. Der Mensch als Gehirnwesen schließt natürlich zunächst von sich auf andere und glaubt deshalb, daß größte Klugheit die höchste Entwicklung darstelle. Würde uns eine Lumme oder ein Steißfuß zu beurteilen haben, so kämen wir wohl schlecht weg, denn bei ihnen sind Wetterfestigkeit und Tauchfähigkeit die höchsten Ziele, und was für den Menschen das Gehirn, ist für den Steißfuß die Bürzeldrüse, um es einmal recht anschaulich und etwas übertrieben zu sagen. Für ein Rebhuhn oder einen Alk ist es eben keine Schande, dumm zu sein. Wenn man so dumm und verhältnismäßig unbehilflich ist wie ein Rebhuhn, dann muß man eben jährlich 16 Eier legen, um die Art zu erhalten, und wenn man sein Leben, geschützt durch ein wasserdichtes Gefieder, bei ausgezeichneter Tauchfähigkeit in Sturm und Regen, Tag und Nacht auf nordischen Meeren zubringen kann, so ist nicht viel Verstand nötig, und man braucht dabei nicht mehr Nachkommenschaft als der Mensch.

Im allgemeinen sind alle die Vogelformen klug, die sich in ihrem Freileben in recht verschiedene Verhältnisse schicken müssen, die also nicht sehr einseitig angepaßt sind; man denke z. B. an Sperlinge und Krähen, die eine für einen Vogel hervorragende Verstandestätigkeit entwickelt haben; für sie ist die Klugheit arterhaltend geworden. Sie lernen rasch das Wesentliche vom Unwesentlichen zu unterscheiden und haben eine vielseitige Neugierde, weil sie bis zu einem gewissen Grade Allesfresser sind und in unserem Klima der Hitze und der Kälte trotzen müssen. Das Wort „neugierig" ist immer ein geistiges Lob und müßte durch „wißbegierig" ersetzt werden. Man kann gar nicht genug darauf hinweisen, daß man hier alle Worte vermeiden soll, die ein Werturteil enthalten, aber die Umgangssprache besteht nun einmal bei der Schilderung von geistigen und Gefühlseigenschaften fast nur aus solchen Werturteilen, und daher gibt es Mißverständnisse und schiefe Bilder.

Das, was wir Gemüt nennen, ist bei Vögeln, die eine ähnliche Geselligkeit und Brutpflege wie der Mensch haben, mindestens ebenso entwickelt, denn dieses Gemüt ist dann überall in gleicher Weise arterhaltend. Nun liegt in dem Wort „Gemüt" auch wieder etwas Schönes, Rührendes, also wieder ein Werturteil, und davon müssen wir hier gerade absehen. Wenn ein Gänsepaar seine Kinder in „rührender" Weise führt und sie „mit aufopfernder Liebe" „mutig" verteidigt, wenn das Elternpaar mit „unverbrüchlicher Treue" lebenslänglich zusammenhält, so wird ihm das in Wort und Schrift zur hohen Ehre angerechnet, weil wir das alles auch tun oder wenigstens tun müßten. Wenn Wildvögel nicht ordentlich brüteten und ihre Jungen aufzögen, dann gäbe es die betreffende Art ja schon lange nicht mehr. Man vergegenwärtige sich immer, daß die Betätigungen der Brutpflege all diesen Eltern nicht nur angeboren sind, sondern daß sie bei ihnen Lustempfindungen darstellen, denn diese Väter oder Mütter weisen ja jede Störung auf das entschiedenste ab. Ein Vogel hat keine Elternpflichten, sondern nur Elternfreuden und tut nur das, was ihm gewissermaßen „Spaß macht". Der Vogelstamm hat hier ganz ähnliche Erregungszustände, Gebräuche und Beweggründe entwickelt, wie wir sie bei uns Menschen gewöhnlich für ethisch, verdienstvoll, moralisch und dem Verstande entsprungen halten. Wir kommen beim Eindringen in die Verhaltensweisen der Vögel immer mehr zu der Erkenntnis, daß es sich bei unserem eigenen Benehmen gegen Familie und Fremde, beim Liebeswerben und ähnlichem um viel einfachere, in höherem Grade angeborene Vorgänge handelt, als wir gemeinhin glauben.

Der Vogel ist durchaus keine Reflexmaschine. Seine Lebensführung besteht gewissermaßen aus einer Kette von Triebhandlungen, die aber nicht ganz geschlossen ist, ihre Lücken werden dann durch die Verwertung persönlicher Erfahrungen, also durch kluge Handlungen, ergänzt. Je zahlreicher diese Lücken sind, um so besser kann sich der Verstand auswirken. Der Durchschnittsvogel steht in seiner geistigen Begabung hinter dem Durchschnittssäugetier wohl recht zurück, denn beim Vogel ist das Denken gewissermaßen durch das Fliegen ersetzt, oder anders ausgedrückt, die Gehirntätigkeit brauchte sich in der Vogelwelt nicht so hoch zu entwickeln, weil die Flugfähigkeit diese Tiergruppe in die Lage versetzte, den Ansprüchen des täglichen Lebens, der Fortpflanzung, dem Aufsuchen geeigneter Klimate usw. gerecht zu werden. Wenn man fliegen kann, braucht man am Boden keinen bestimmten Wechsel auf verschlungenen Pfaden oder durch die Baumkronen einzuhalten, wie ein Steinbock, ein Hirsch oder ein Affe, und man hat es nicht nötig, sich einen Bau zu graben und die Eingänge dazu sich von weither zu merken, wie eine Ratte oder ein Dachs: dazu ist eben eine ausgebildete Gehirntätigkeit nötig.

Es ist gar nicht leicht, wirklich sinngemäße Versuche zur Beurteilung der Klugheit und der Dummheit anzustellen, denn man kann nur Arten vergleichen, die im Freien denselben Lebensraum beherrschen und ihn mit denselben Triebhandlungen ausnützen. Ein paar Beispiele zeigen wohl am besten, worauf es ankommt. Hat man aus dem Ei aufgezogene Rebhühner, die dann bedingungslos zahm sind, darauf abgerichtet, auf Klopfen mit der Fingerspitze, das ungefähr dem Vorpicken der Eltern ihren Küken gegenüber entspricht, herbeizukommen, so fliegen sie nach einigem Zögern auch auf ein beklopftes Fensterbrett, wenn dieses mit der darunter befindlichen Wand bindig abschließt. Sie halten diese Wand gewissermaßen für eine Verlängerung des Fußbodens nach oben und benutzen, um über sie hinwegzukommen, sinngemäß die Flügel. Klopft man dagegen auf einen Tisch, so rennen sie unter die Klopfstelle und wissen sich keinen Rat; sie lernen auch in der Folge niemals, zielbewußt auf eine Tischfläche zu fliegen, selbst dann, wenn sie sich oft darauf bewegt haben, weil man sie hingesetzt hatte oder sie nach Rundflügen an der Zimmerdecke darauf gelandet waren. Will man vermeiden, daß diese anhänglichen Tiere durch die weit geöffnete Tür zu einem ins Nebenzimmer kommen, so genügt es, ein etwa 40 cm hohes Drahtgeflecht quer durch die Türöffnung zu stellen; sie laufen dann dauernd an diesem durchsichtigen Hindernis hin und her, ohne den Versuch zu machen, es zu überfliegen, was sie natürlich ohne weiteres könnten. Ein Fasan, ein Birk- oder Auerhuhn treten sehr bald ein paar Schritte zurück, fliegen auf das Gitter, setzen sich oben darauf und hüpfen oder fliegen auf der anderen Seite herunter. Diese Tiere sind eben gewohnt aufzubaumen und verwenden diese angeborene Eigenschaft, die dem Rebhuhn fehlt, in zweckmäßiger Weise. Für den, der diese Verhältnisse nicht kennt, erscheint das Rebhuhn den anderen an Geäst gewöhnten Vögeln gegenüber unendlich dumm; dieser Schluß ist aber nicht berechtigt. Anders verhält es sich bei einem entsprechenden Vergleich zwischen Wildgans und Kranich, die ja ungefähr dasselbe Gebiet bewohnen und beide nicht aufbaumen, sondern ihre Flügel im wesentlichen zum Durchmessen größerer weiter Flächen benutzen. Meine jung aufgezogenen Kraniche bekamen nach 8 Jahren noch keine rechte Vorstellung von der Undurchdringbarkeit einer nur meterhohen Drahtwand: Hatte ich sie dahinter geführt oder waren sie von selbst, von einem Ausfluge zurückkehrend, dahinter gelandet, so machten sie stets bei meinem Weggehen ausdauernde und verzweifelte Versuche, durch die Gittermaschen zu gelangen, während die Gänse auch höhere Drahtwände unter den gleichen Bedingungen sehr bald überflogen. Hier kann man also wohl von größerer Klugheit im Vergleich zum Kranich sprechen. Allerdings erfolgt auch bei den Wildgänsen das Überfliegen in Wiederholungsfällen erst nach immer kürzeren Versuchen, zunächst gehend durch die durchsichtige Wand zu kommen. Es ist also nicht die ruckweise Erkenntnis der Lage, wie wir sie beim Menschen, bei Affen oder beim Hunde finden, die, nachdem sie einmal eine Handlung richtig zu Ende geführt haben, dies in entsprechenden Lagen immer wieder ohne gefühlsmäßiges Herumprobieren tun. Wenn man jung aufgezogene zahme Dohlen

auf dem Dach in einem großen Drahtflugkäfig hält und dann
eines Tages ein Türchen am Boden der Vorderseite öffnet, so
merken sie diese Veränderung zunächst nur insofern, als sie sich
vor dem neu entstandenen Loch fürchten und nicht wagen,
hindurchzugehen. Lockt man sie dann künstlich heraus, so versuchen sie von überall her durch die Drahtmaschen wieder in
das Innere ihres Heims zu gelangen, bis sie schließlich durch
Zufall an die offene Tür und damit in den ersehnten Raum
hineingeraten. Dies wiederholt sich bei den nächsten Malen
immer wieder, bis sie endlich, wie der Psychologe sagt, durch
Selbstdressur die Tür „begriffen" haben. Sie fliegen nun zielbewußt aus und ein, brüten im Innern und ziehen ihre Jungen
auf, bis diese schließlich die Nisthöhle verlassen. Sitzt nun so
ein bettelndes Junges auf der Nisthöhle oder sonst an einem der
Tür fernliegenden Orte, so versuchen die Alten zunächst immer
wieder vergeblich, auf dem geradesten Wege von außen her zu
ihren Kindern zu gelangen, und die Tür muß wieder neu „gelernt" werden. Ähnliches geschieht bekanntlich, wenn man einen
Kanarienvogel im Zimmer frei fliegen läßt und nun den Käfig
halb oder ganz umdreht. Er wird immer wieder versuchen,
an der Stelle in sein Gebauer zu gelangen, wo früher die Türe
war, durch die er täglich aus- und einflog.

Ein anderes Beispiel, das zeigt, mit wie wenig Einsicht ein
Vogel auskommt, sei noch erwähnt. Hält man auf einem Teiche
etwa ein Dutzend alte Höckerschwäne zusammen, so schwingt
sich zum Frühjahr hin ein Paar zum Teichtyrannen auf und duldet
nicht, daß ein anderer Schwan ins Wasser geht. Diese unglücklichen Teichgenossen liegen dann dauernd auf dem Lande herum
und wagen kaum zu trinken und zu fressen. Entfernt man nun die
entsetzlichen Tyrannen, indem man sie unter dem Arm vor den
Augen der Bedrängten wegträgt, so begeben sie sich nicht etwa,
gewissermaßen erlöst aufatmend, ins Wasser, um sich nun unge-
zwungen zu tummeln. Erst nach Stunden wagt sich einer oder der
andere, vom Durste geplagt, ans Wasser und gleitet schließlich, da
der Gewaltherrscher nicht mehr heranbraust, hinein, bleibt aber
zunächst immer noch in der Nähe des schützenden Ufers. Erst
nach einiger Zeit, es kann ein halber Tag oder mehr darüber ver-
gehen, machen es die anderen schließlich ebenso. Noch auf-

fallender zeigt sich die geistige Unbeholfenheit eines solchen Schwanes, wenn er bei Tauwetter zu Fuß über das Eis wandert. Kommt er dabei an eine Pfütze, in der das Wasser auch nur wenige Millimeter hoch steht, so legt er sich schon vor dieser kleinen Wasseransammlung nieder und müht sich, unter großen Anstrengungen Schwimmbewegungen ausführend, ab, durch das ganz flache Wasser zu *schwimmen*, statt einfach hindurchzu*gehen*. Gänse und Enten denken gar nicht daran, in einem Wasser schwimmen zu wollen, das hierzu nicht die nötige Tiefe hat. Nicht umsonst braucht dieser große Vogel jährlich 6 bis 8 Junge, um seine Art zu erhalten. Vögel sind Gefühlstiere stärksten Grades, mit sehr vielen angeborenen Trieben und wenig Verstand.

Bei den geistig höchst entwickelten Formen, wie z. B. beim Kolkraben, kommen die ersten Spuren einer gewissen Einsicht in die Triebhandlungen vor. So ist z. B. das Verstecken von Futterbrocken allen unseren Rabenvögeln angeboren, und die heranwachsenden Jungen fangen schon im Nest in einem ganz bestimmten Alter ohne jedes Vorbild damit an. Die weniger kluge Dohle vergräbt oder versteckt auch im Alter einen Futterbrocken ruhig vor den Augen ihrer Genossen oder ihres Pflegers, was natürlich ziemlich wenig Zweck hat; der Kolkrabe lernt aber bald, seine Beute unbemerkt und heimlich an einen Ort zu tragen, wo er sonst nicht hinfliegt, und entfernt sich dabei geräuschlos in dem Augenblick, wenn die andern nicht hinsehen; er unterdrückt auch seinen sonst beim Auffliegen stets ausgestoßenen Stimmfühlungslaut.

Vielfach wird das bei den meisten Vögeln sehr gute Erinnerungsvermögen mit Klugheit verwechselt. Erinnerung ist aber nur die Vorbedingung des Verstandes. Solche Erinnerungen können über Jahre hinweggehen, und die regelmäßig im Frühling wieder genau an denselben Nistort zurückkehrenden Vogelpaare beweisen ja in ihrem Verhalten, daß sie sich gleich wieder an alle Einzelheiten ihres Brutgebietes erinnern.

22. Wie findet sich ein Vogel zurecht?

Als flugbegabte Wesen, die rasch weite Strecken zurücklegen können, müssen Vögel natürlich imstande sein, bestimmte, für sie lebenswichtige Orte von weit her wieder aufzufinden. Man ist geneigt anzunehmen, daß ein wegfliegender Vogel, ähnlich wie eine Biene, sich die überflogene Gegend genau merkt und auf demselben Wege zurückkehrt, den er beim Abflug gewählt hat. Da Vögel sehr gut sehen und aus der Höhe herab weite Strecken überschauen können, so liegt es ja nahe, eine solche Gesichts-„Orientierung" für alle Fälle anzunehmen. In der Tat stimmen diese Verhältnisse für geringere Entfernungen, also für den näheren und den weiteren Umkreis um das Nestgebiet, und es hat sich neuerdings herausgestellt, daß wenigstens gewisse Standvögel nicht mehr heimfinden, wenn man sie „verfrachtet", d. h. in geschlossenen Behältnissen mit der Bahn oder dem Flugzeug verschickt und sofort freiläßt. Sämtliche in einer bestimmten Gegend gefangenen Habichte, die einige 100 km von ihrer Brutheimat entfernt aufgelassen wurden, kamen bis auf einen einzigen anscheinend nicht wieder zurück; einige wurden nicht allzuweit vom Auflassungsorte nach Wochen erlegt; sie hatten also keine Anstalten gemacht, die Heimat wieder aufzusuchen. Andererseits ist man manchmal erstaunt, daß Vögel heimfinden, wenn die Gegend, von oben herab gesehen, ganz anders aussieht als sonst. Im Berliner Zoologischen Garten wurden 3 dort erbrütete, flugfähige rote Kasarkas (Rostgänse) gehalten; diese 3 Stück erschraken eines Mittags beim Einfangen anderer Wassergeflügels, kreisten einige Zeit und verschwanden schließlich meinen Blicken. Nachmittags erhielt ich die Meldung, daß sie sich auf einem 4 km entfernten Gewässer aufhielten, und zwar bis in die Nacht hinein. Wenige Minuten darauf waren sie zurückgekommen. An dieser Sache ist merkwürdig, daß die Vögel in der Nacht über die hell erleuchtete Stadt offenbar auf dem geradesten Wege wieder zurück fanden, denn man kann sich vom Flugzeug aus überzeugen, daß der Anblick von Tausenden elektrischer Lampen, Lichtreklamen usw. doch ein ganz anderes Bild ergibt als das, was sich die Tiere beim Fluge um die Mittagszeit eingeprägt haben müssen. Allerdings hatten diese 3 Tiere vorher schon bei fast vollkommen eingetretener Nacht Ausflüge gemacht; man muß also geradezu annehmen, daß sie ein Tages- und ein Nachtbild von Berlin im Kopf hatten.

Zu sehr guten Ergebnissen haben die Verfrachtungsversuche von Zugvögeln geführt. Man fing eine größere Anzahl der ja siedlungsweise brütenden Stare und Rauchschwalben am Nest und brachte sie über Nacht in entfernte Gegenden, die nicht in ihrer Zugrichtung lagen, die sie also unmöglich kennen konnten. Der größte Teil wurde bald wieder am Nistorte beobachtet, und es stellte sich dabei heraus, daß die Vögel täglich wohl etwa 120 km zurückgelegt hatten; sie waren also unterwegs auf Futtersuche gegangen, hatten mehrmals übernachtet, außerdem waren einige von Greifvögeln an Stellen geschlagen worden, die ziemlich genau in der Luftlinie zwischen Auflassungsort und Brutheimat lagen. Ein geradezu klassisches Beispiel ist ein im Botanischen Garten zu Berlin im Nistkasten gegriffener, mit einem Ring gekennzeichneter und mit dem Flugzeug nach Saloniki (über 1 600 km) verschleppter alter Wendehals, der nach 10 Tagen wieder in seiner Bruthöhle saß. Dabei ist zu bedenken, daß der Wendehals, wie so viele Kleinvögel, des Nachts zieht und tagsüber rastet. Erwähnenswert ist auch die Leistung von 4 Mauerseglern, die man von ihren mit Jungen besetzten Nestern 250 km weiter bis London verschickt hatte; schon 4 Stunden nach dem Auflassen wurde einer wieder am Heimatplatz, die andern nach einigen Tagen dort gesehen. Merkwürdig ist es, daß, wenigstens bei bestimmten Arten, auch Winterherbergen immer wieder aufgesucht werden. Besonders gilt dies für ältere Tiere, die schon mehrfach gute Erfahrungen mit solchen Orten gemacht haben. Fängt man z. B. eine nordöstliche Lachmöwe im Winter auf den Gewässern Berlins und schickt sie in die Schweiz, so kehrt sie trotz Schnee und Kälte wieder nach Nordosten an die Brücken Berlins zurück. Um zu vermeiden, daß die verfrachteten Vögel sich etwa die Drehungen während der Fahrt merken könnten, hat man sie z. T. unterwegs mit Äther oder Chloroform betäubt oder sie in einem völlig verdunkelten Käfig auf einer fortwährend laufenden Grammophonplatte gedreht: so behandelte Tiere unterschieden sich in nichts von ihren nicht beeinflußten Artgenossen.

Tag- und Nachtzieher, also z. B. Greifvögel einerseits und Wachteln andererseits, verhalten sich insofern verschieden, als die Tagzieher das Gelände unter sich in der Weise berücksichtigen, daß sie nach Möglichkeit unwirtliche und gefährliche Gebiete, wie Meeresarme, hohe Gebirge und trostlose Wüsten, deren Ende sie nicht absehen können, vermeiden und sie umfliegen. Segelflieger, wie große Greifvögel und Störche, benutzen Aufwindstellen, um sich in die Höhe tragen zu lassen, und gleiten dann mit Höhenverlust zur nächsten. Sie machen zwar dadurch Umwege, aber sparen Kraft. Eine Wachtel, eine Ralle, eine Grasmücke dagegen saust nach Einbruch der Dämmerung, eine gewisse Zugrichtung einhaltend, in die Nacht hinein und fliegt so lange, bis sie gegen Morgen oder vielleicht in mondheller Nacht ein für sie geeignetes Gelände gefunden hat, das ihr Nahrung und Ruhe gewährleistet; solche Tiere sind natürlich von den sogenannten Leitlinien der Tagzugvögel ziemlich unabhängig. Die Zugstimmung erwies sich als hormonal auslösbar; man kann sie durch gewisse Hormone aufheben oder verstärken. Im Anfang dieser Forschungen glaubte man die Keimdrüsenhormone für die Zugstimmung verantwortlich machen zu müssen, es stellte sich aber heraus, daß Hormone der Hypophyse, und zwar ihres Vorderlappens, die Zugunruhe hervorrufen. Allerdings aber muß in allen Fällen als Grundlage eine erbliche Veranlagung zum Zug vorhanden sein, denn bei stets seßhaft bleibenden Vogelarten kann man durch Hormongaben eine Zugstimmung nicht erzeugen.

Die große Frage, woher der einzelne Vogel seine Zugrichtung kennt, woher er also gewissermaßen weiß, wo im Herbst Süden und im Frühling Norden ist, hat die Forschung durch Experimente teilweise gelöst. Im einzelnen sind nach Arten die Zugrichtungen darin verschieden, daß sehr viele unserer einheimischen Vögel nach Westen und Südwesten, manche nach Südosten und wieder andere geradewegs nach Süden ziehen. Bei allen Verfrachtungsversuchen hat sich ergeben, daß die Vögel zwar oft einen etwas andern Weg einschlagen, um ihre Winterherberge zu erreichen, aber niemals nach Norden oder Nordosten im Herbste abziehen. Ernst Schuz konnte nachweisen, daß bei europäischen Störchen die Zugrichtung angeboren ist; die ostelbischen Störche ziehen in südöstlicher Richtung über den Bosporus und Ägypten in ihre südafrikanische Winterherberge, die Westelbischen dagegen nach Südwesten über Frankreich und Spanien dorthin. Durch Vertauschen von ost- und westelbischen Eiern zeigte sich, daß die Jungtiere ihre angeborene Zugrichtung beibehalten und der Ort ihres Aufwachsens keinen Einfluß hat. Auf dem Wanderzug halten sie sich an Landmarken wie Gebirgszüge oder Flußläufe als Leitlinien und vermeiden das Überfliegen von Meeren. Bei Jungstaren ist das Gefühl für ihre Zugrichtung ebenfalls angeboren, aber Altvögel vermögen diese Zugrichtung nach ihren Erfahrungen abzuändern. Sehr wichtig erscheint mir folgender Versuch, der dem Angeborensein widerspricht: Die Stockente ist in England Standvogel, in Finnland aber Zugvogel und ihre Winterreise erstreckt sich bis an die Küsten des westlichen Mittelmeeres. Man brachte nun englische Stockenteneier nach Finnland, wo sie erbrütet wurden und die Jungen halbzahm aufwuchsen. Erst einen Monat später, nachdem die finnischen Stockenten abgezogen waren, erhoben sie sich eines Abends, kreisten umher und verschwanden. Ringfunde kamen aus denselben Gebieten, die die finnischen Enten durchzogen hatten oder wo diese überwinterten, und im darauffolgenden Jahr konnte ein beträchtlicher Teil der aus englischen Enteneiern geschlüpften Vögel wieder an dem See in Finnland festgestellt werden, wo die Tiere ihre Jugend verbracht hatten. Diese Beispiele mögen zeigen, wie vorsichtig ein Forscher beim Verallgemeinern von Ergebnissen sein muß.

Hier sei noch erwähnt, daß Brieftauben, die nicht durch Zwischenflüge auf eine bestimmte Richtung eingeübt sind, vom Menschen verfrachteten Zugvögeln gegenüber schlecht abschneiden. Bringt man sie etwa 100 km und mehr weit weg, so kommen sie fast nie zurück. Ein angeborenes Richtungsgefühl für die Lage des Heimatschlages habe ich nicht nachweisen können, sie arbeiten mit dem Auge und der Erinnerung, dies aber hervorragend. Andererseits hat die Forschung in letzter Zeit festgestellt, daß Brieftauben durch Dressur auf eine Richtung eingeübt werden können und daß sowohl Brieftauben wie Vögel überhaupt die Fähigkeit haben, ohne Landschaftserfahrung gerichtet heimzufliegen: Aus Sonnenstand und Tageszeit, die ihre innere Uhr ihnen vermittelt, vermögen sie eine Himmelsrichtung zu bestimmen, die die Brieftaube in erlernter Weise und Zugvögel wohl angeborener Weise einzuschlagen vermögen. Diese Fähigkeit der Vögel steht im Tierreich nicht einzig da; ebenso orientieren sich Bienen und Krebse nach dem Sonnenstand; der Tageslauf der Sonne wird mit eingerechnet.

Auch nächtlich ziehende Vögel wie Sperbergrasmücke und Neuntöter verfügen über diese Fähigkeit, die Sonne (oder eine künstliche Lichtquelle) unter Berücksichtigung ihrer täglichen Wanderung als Kompaß zu gebrauchen. Wie sie sich jedoch ohne Sonne auf ihren nächtlichen Wanderzügen orientieren, darüber hat die Forschung gerade der letzten Jahre einige Fingerzeige erarbeitet.

Um zu erfahren, ob bei richtungsdressierten Tauben während der Sonnenkompaß-Orientierung das Sehvermögen eine Rolle spielt, beklebte ihnen Schmidt-Koenig die Augen mit nur durchscheinenden Haftschalen. Diese Tiere kehrten in die Nähe ihres Schlages zurück, sie fanden aber nicht hinein. Das Landschaftsbildsehen ist also für die Nahorientierung nötig. Nicolai konnte nachweisen, daß zur Entwicklung des Sonnenkompaß-Orientierungsvermögens die Tauben mit Sicht zum Himmel aufwachsen müssen; welche Faktoren dabei mitwirken, ist eine neue Frage. Auch hat sich herausgestellt, daß Brieftauben im Winter bei Kälte nicht so gut heimfinden wie bei warmem Wetter, auch wenn sie sowohl die Richtung durch Übung als auch die Gegend durch früheres Auflassen von diesem Ort schon kennen. Wieso die Kälte ihr Orientierungsvermögen behindert, wissen wir nicht. Zu alledem kommt noch eine Neuentdeckung: Auch das Magnetfeld der Erde, dessen Feldlinien am Äquator horizontal verlaufen, nach den Polen zu sich zunehmend aufrichten in einem für jeden Ort bestimmten Neigungswinkel, scheint für manche Vögel eine Orientierungshilfe zu sein: In einem Testkäfig mit künstlich verschiebbarem Magnetfeld änderten Zug-Rotkehlchen je nach dessen Lage ihre Zugrichtung. Dazu paßt genau, daß sichtbehinderte Tauben, denen man Magnete an den Kopf gebunden hatte, bei trübem Wetter in ihrer Sonnenkompaß-Orientierung verwirrt wurden. Mit welchen Organen Vögel die Erdmagnetfelder wahrnehmen, entzieht sich bisher jeder Kenntnis.

Ferner sind für manche Vögel, wie bei Gartengrasmücken nachgewiesen, auch die Sterne eine Orientierungshilfe. Zwar scheinen nicht die Sternbilder, wie man früher annahm, sondern wahrscheinlich die Bewegungen der Sterne am Himmel wirksam zu sein. Wie Wallraff nachwies, besitzen nur Rotkehlchen diese

Fähigkeit der Sternorientierung, die bei der Aufzucht wenigstens 14 Tage den Sternhimmel sehen konnten.

Angeboren ist wohl den meisten Zugvögeln die Länge ihres Wanderweges, also die Dauer des Fluges, denn gekäfigte Vögel verlieren ihre Zugunruhe zu der gleichen Zeit, zu der ihre ziehenden Artgenossen in der Winterherberge angekommen sind. Gartengrasmücken, die während des Zuges nach 14 Tagen ihre Südwest-Richtung beim Umfliegen der Sahara in eine Südost-Richtung ändern, zeigen auch im Testkäfig nach der gleichen Zeit diese Richtungsänderung; sie muß also unabhängig von allen Eindrükken auf dem Zuge im Erbgut der Art verankert sein, wie Gwinner und Wiltschko an 62 handaufgezogenen Gartengrasmücken nachwiesen. Ob ähnliches sich für andere Zugvögel nachweisen läßt, werden zukünftige Forschungen zeigen.

Wenn der Leser aus dem Inhalt dieser Zeilen das Empfinden bekommen hat, daß die Vogelkunde eines der am eingehendsten bearbeiteten Gebiete der Tierkunde ist, so daß man vom Körper und Geist des Vogels im einzelnen mehr weiß, als der Fernerstehende gemeinhin glaubt, daß aber noch viele Fragen erst am Anfang ihrer Lösung stehen, so ist der Zweck dieses Buches erreicht.

Verzeichnis der wissenschaftlichen Namen, zugleich Seitenweiser

---

Lieferbare Bände: